东方卫视大型家装改造节目

# 梦想改造家 II

《梦想改造家》栏目组　编著

江苏凤凰科学技术出版社

# 序言

## 你以为这只是一个装修节目吗？

骆新

东方卫视 主持人

撰写这篇序言的时候，我正好在英国伦敦学习，而且已经居住了一个多月。

我喜欢伦敦，是因为这里有太多的老房子，而每一幢老房子里，都藏着各种引人入胜的故事。有趣的是，许多看似不起眼的建筑，只要外立面镶嵌了一个湖蓝色、圆形的金属牌，瞬间就能让你肃然起敬——那上面仅仅写着谁、在什么时间、曾经与这栋建筑的关系。譬如，我每天步行去上课的路上，就要与狄更斯、拜伦等擦肩而过。某一天我去女王陛下剧院（Her Majesty Theater）看戏，到早了点，于是便在剧院旁边的酒店门口稍事休息，此刻抬头一看，只见酒店墙上也有这样的圆牌，赫然用英文写着"胡志明（1890—1969），现代越南的缔造者，1913年在这家酒店当过服务生，此处就是他曾经站立迎宾的位置……"

今天，许多人喜欢"穿越"，我对此的理解是——人们渴望突破现实束缚的一种特殊表达。我们所谓的"看见祖先"，不过是另一种"认识自己"的过程罢了。我经常说"身体是灵魂的容器"，老房子实际上更像是一种社会精神的容器，国家兴衰、社会起伏和家庭悲欢，都由它默默地承载。皮之不存，毛将焉附？——没有了这些"容器"，风俗何存？文脉安在？

同济大学的阮仪三教授，是我的忘年交。这二十年来，阮先生倾尽全力、四处奔波，呼吁"刀下留城"，终于保住了平遥、丽江古城和包括周庄、同里、乌镇等在内的"江南六镇"，使其没有被毁在"大拆大建"的时代。

有一次，阮先生问我：为什么中国人总愿意讲"旧城改造"？

从语言学的角度上讲，这种提法充分暴露了国人的价值观："旧"是针对"新"而言的，在凡事崇尚"新"的人眼里，"旧"明显是被歧视的对象，而在某些城市主政者眼里，"改造"一词的关键之处，根本就不在"改"而全在"造"。换句话说，"旧城改造"就是彻底除旧换新，最好是把一切都拆了重来……众

所周知，城市的魅力恰恰是基于历史赋予她的积淀的，让居住在其中的人们，能有机会念及童年、回溯过往，这不正是老房子和老城市的可爱之处吗？就算它们是物，也是有"人格"的物。

阮先生说，我们不应该再谈什么"旧城改造"，而要郑重其事地改讲"古城复兴"。仅从字面上理解，"古"与"今"至少是一种平起平坐的关系，而"复兴"一词本身就是把"尊重历史"视为一切行动的前提，也展示了我们对"容身之物"的基本态度。

东方卫视的《梦想改造家》，迄今为止已播出三年了。

虽然这个节目并不是针对城市的大规模改造，但是，面对每一个具体的住宅，也秉承了同样的使命——我们不仅希望通过这些改造来改善人们的生活，更希望能借助这个装修过程，保留人们对于家庭历史的记忆，同时，对每个人的生命、亲情、奋斗都给予以肯定。观众看到每期节目中的人物，会发现他们身上会有自己和家人的影子。

所以，《梦想改造家》看似主体是"房子"，实际上，故事核心永远是"人"。人才是目的，改造房子只是手段。

当然，装修时间都很漫长，这期间各种情况迭出，对于电视拍摄者来说，其难度自不待言；关键是每个房子的改造，我们都希望能符合"好创意"的最简单标准——"意料之外、情理之中"。

可能会超出观众普遍的生活经验，《梦想改造家》所邀请的设计师，基本上都是建筑师，且富有善心、甘当志愿者。动用这些海内外知名的建筑师来完成家装项目，这几乎就等于"杀鸡用牛刀"，但若不如此，很多天才创意就无从谈起了，毕竟绝大多数房屋的改装，都属于"螺蛳壳里做道场"。这就必须要求设计师使出浑身解数，就像被誉为"空间魔术师"的史南桥等设计师，不仅要打破惯常的空间理念，甚至还要在时间思维上做足文章，包括在材料、装置方面，都必须有超前之举。

其实，这三年中，《梦想改造家》的设计师团队最能打动

我的，还不完全在于设计本身的精妙，而是他们具有一种超越了"工具理性"的可贵的"价值理性"。

譬如第一季的第一期节目，在上海的市中心，设计师曾建龙曾改造一处类似"筒子楼"中的几世同居的老式住宅，他发现楼内居民几十年来都是以占据楼道的方式各自烧饭，就提议：连带把公共空间全部改造。遗憾的是，由于节目组的改造经费有限，而这家的邻居们又大多持观望态度，不愿意集资改造公共走廊，于是，曾建龙一不做、二不休，自掏腰包，把这条走廊上原来四分五裂的各家做饭区域，全部装进了十数个"隔间式小厨房"。另外，在北京，针对一位高龄老人的老式平房的改造项目，设计师要为独居的老奶奶装抽水马桶时才发现，这条胡同的排污管网已经不具备这个功能，在装修预算已经用完的情况下，设计师也是自己承担所有费用，在胡同里铺设了一条长达百米的专用排污管，最终和胡同口的公共厕所相连，解决了老奶奶一辈子都没机会使用马桶的问题。当我们问他，连住户本人和他的儿子们都准备放弃这个"马桶方案"时，为什么还要坚持。设计师的回答很简洁："我必须让老奶奶用上先进的如厕设施，因为这牵涉到人的尊严……"

很多人都问我："你们节目的每次装修，要花很多钱吗？"我总是回答道："当然要花钱，但我们的钱很有限。这个节目之所以好看，我认为是因为这里面有太多的、比钱更值钱的东西。"

当然，在这里，我也不想避讳节目之外的某些"尴尬"。但那属于普遍的"人性之陋习"——我相信，人性是很难经得起检验的。

《梦想改造家》每次装修所遇到的最大麻烦，就是邻里矛盾。我并不想把这些问题全归咎于是资源稀缺的贫困所造成的，但是，必须承认，因为我们处于一个社会高度分化的转型期，由于个人与群体的权利边界模糊，许多中国人普遍都存在着生存焦虑。一个家庭的改善，往往招致的是嫉妒、不满，甚至是莫名其妙的愤怒和破坏。

邻居的各种不合作，不仅经常导致项目停工，还会使一些装修好的房屋陷入产权和相邻关系的法律纠纷。位于四川牛背山的"青年旅舍"项目就是一个典型——虽然历尽千辛万苦，李道德设计师极为出色的改造项目还没有来得及给村民带来福祉，就被"谁拥有这个房子的控制权"矛盾搞成一团乱麻。

居民对于"公共空间"的不理解和不重视，也使得我们的设计师每次出于好意、想方便邻居而改造某个公共区域的美好计划泡汤。我希望，这些问题仅仅是这个节目在成长过程中必须经历的磨难。这很像中国的现实环境，人们还没有彻底摆脱较低水平的生活条件，还没有机会能够通过集体协商的社群治理，学会如何谈判和妥协。所以，如何建立起一套机制以有效地避免"公地悲剧"发生，让人们在多次博弈中取得利益和内心的平衡，不仅是《梦想改造家》要探讨的方向，也是整个中国社会都要逐渐学习和摸索的过程。

我曾在东方卫视的另一档真人秀节目中，说了这样一句话："我们都希望人生能有一个完美的结局，如果现在你发现自己还不够完美，就说明这还不是结局。"

把这句话用在《梦想改造家》身上，也非常合适！

是为序。

# 前言

## 梦想 · 家

施琰

东方卫视 主持人

"人类因为梦想而伟大！"每当看到这句话，内心都会被莫名触动。

梦想有大有小，不论是要去"拯救银河系"，还是仅仅想拥有一张属于自己的床，同样值得尊重和祝福。因为，它是支撑你在黑暗中跋涉的光。

在主持《梦想改造家》的日子里，流了很多眼泪，更收获了满满的温暖和爱。有一位网友在微博上说："作为主持人，施琰能遇上《梦想改造家》真是一种幸运！"这也正是我想表达的。

上学时，老师总教育我们，再悲伤的故事，也要留一个光明的尾巴。2012年，导演吕克·贝松获得冬季达沃斯水晶奖，在发表获奖感言时，他说："九岁的女儿问我'这个世界会崩溃吗'？我说不会！我对她撒了谎……"

作为一位杰出的国际导演，这样绝望的表达或许和他艺术家的悲情主义情愫有关，但放眼世界，让人真心欢喜的消息有多少？屈指可数！所以，一个必须面对的现实就是：要寻找一个光明的尾巴并没有那么容易。

于是，从一开始，《梦想改造家》似乎就是带着使命而来。

在高楼林立的都市，在人迹罕至的荒野，在任何一个你不曾留意的空间，都有顽强的生命存在。他们或许活得平凡，却始终捍卫着自己寻找希望和尊严的权利。

于是带着梦想，他们与我们相遇了！

总是很喜欢以蝴蝶效应来举例：一只南美洲亚马孙河流域热带雨林中的蝴蝶，偶尔扇动了几下翅膀，在两周后，美国德克萨斯州就掀起了一场飓风。这一效应是在告诉我们，事物发展的结果，对初始条件具有极为敏感的依赖性，初始条件的极小偏差，都会引起结果的极大差异。而蝴蝶效应如果转化为我们最熟悉的一句话，那就是：莫以善小而不为，莫以恶小而为之。

《梦想改造家》做的似乎就是蝴蝶振翅的工作。那些被感动到流泪的人们、那些在我们节目中发现美好的人们、那些由看节目而生出愿望去帮助他人的人们……你们就是动力系统中的一环，一直连锁反应下去，我们的世界总有一天会变成美好的人间。

吕克·贝松在获奖感言的最后说道："有孩子的人都有愿望把这个世界变美好！"我虽然还没有孩子，但是有相同的愿望。

这是一个光明的尾巴，也是一个终将会实现的梦想！

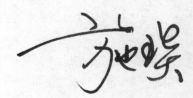

# 目录

27 平方米一室变身为
三室两厅两卫豪华小住宅

# 零采光的家

○基本资料

● 地点：广州
● 房屋面积：27 平方米
● 家庭成员：汤先生与爱人、汤先生的奶奶、
  　　　　　汤先生的女儿
● 装修总造价：19.5 万元
● 设计师：何永明

荔湾青水绿，两岸荔枝红。老屋位于广州荔湾区的西关大屋，西关大屋是老广州的标志性建筑，是当年云集广州的富商们所修建的。西关大屋的特征是四世同堂。业主汤先生一家四口所住的房屋是当时的粮仓，位于两户中间的位置，房间的窗正对着幽深的走廊，完全没有自然采光。

入口走廊

| 改造总花费：19.5 万元 | | |
|---|---|---|
| 硬装花费 | 材料费：6.5 万元 | 12.5 万元 |
| | 人工费：6 万元 | |
| 软装花费 | 6 万元 | |
| 其他花费 | 1 万元（粉刷公共走道、巷道和镜子的费用） | |

# 1 房屋状况说明

由于各户房子和房子之间距离太近，在这片区域中，汤先生所住的这栋老屋被周围逐年加盖的各种建筑团团围住，旁边的房子与他的家仅隔 70 厘米，形成了一段狭长而阴暗的走廊，牢牢地挡住了汤家唯一一扇通往室外的窗户。

## ○灯光是一家所有的采光来源

此房由于位于两户之间，仅有的窗户也被两侧的建筑外墙和阴暗的走廊所遮挡。即使屋外阳光明媚，屋里依然如黑夜一般，伸手不见五指，灯光便成了一家人所有的采光来源。

房子边上的这条狭窄又黑暗的巷道是汤家唯一可以采光的地方

家里唯一可以透气的窗户，也被楼上加盖的厨房遮挡了光线

汤先生的家四周被严严实实地包围着，所以不管外面天色如何变化，这间房子始终是一个零采光的家

灯光是一家人唯一的采光来源

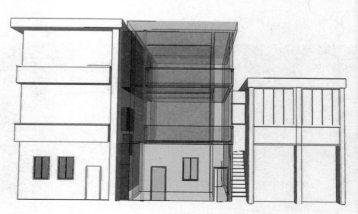

另一侧墙面过道是通往楼上住户的唯一通道

## ○室内环境过于潮湿

由于通风差，空气极为潮湿，所以衣服经常发霉，电器也很容
易受损，连厨具也不得不使用金属材质。

走廊的过道和家里的衣服都非常潮湿，电器大部分也已经不能用了，木质碗筷因为时常发霉，也都换成了金属的

## ○阁楼空间狭小，无法有效利用

阁楼空间利用率低，只能堆放一些杂物。

阁楼横梁下净高仅有 1 米左右，只能堆放杂物

汤家的房子是 27 平方米的一居室，只有一个房间，厨房和卫生间挤在一起。除此，就只有自己搭建的小小的阁楼。全家人把唯一的房间让给老人，夫妻俩就只好住在腰都直不起来的阁楼上。

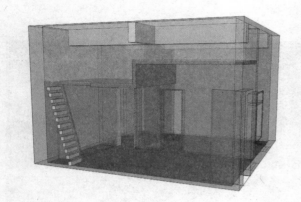

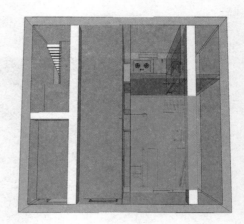

一层老人房

狭小、低矮的阁楼

阁楼面向走道外的窗户

## ○功能混乱的厨房和卫生间

由于卫生间和厨房连在一起，厨房又过于狭小，没有固定的盥洗盆，洗菜、洗衣服都只能在卫生间完成。

因为没有固定的洗菜盆，汤家洗菜只能在卫生间进行

## ○通往阁楼的楼梯非常陡峭

通往阁楼的楼梯非常陡峭，在这里爬上爬下十分危险，一不小心就会从上面摔下来。

陡峭的楼梯十分危险

## ○女儿没有独立的空间

客厅的沙发是女儿在家拥有的唯一睡床，女儿不在家的时候，汤先生也时常睡在这里。

沙发是女儿在家的床

## ○储物空间少

汤家的储物空间严重不足，一家人的东西都堆在老人的房间里，而客厅里则堆满了其他的生活杂物。

客厅里堆满了杂物

一家人的衣物都堆放在老人房里

# 2 原始空间分析

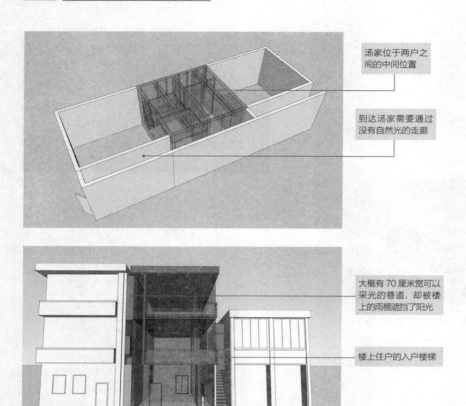

汤家位于两户之间的中间位置

到达汤家需要通过没有自然光的走廊

大概有 70 厘米宽可以采光的巷道，却被楼上的雨棚遮挡了阳光

楼上住户的入户楼梯

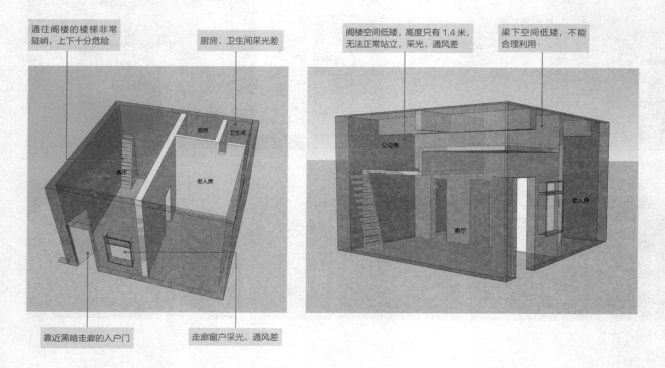

通往阁楼的楼梯非常陡峭，上下十分危险

厨房、卫生间采光差

厨房

卫生间

餐厅

老人房

阁楼空间低矮，高度只有 1.4 米，无法正常站立，采光、通风差

梁下空间低矮，不能合理利用

父母房

客厅

老人房

靠近黑暗走廊的入户门

走廊窗户采光、通风差

## 3 改造过程中

### ○ 通过开窗，增加屋内采光与空气流通

随着"梦想改造家"施工队的进驻，改造正式拉开帷幕。
在清拆过程中，首先做的就是在公共走道门口上部开窗，
引入更多的阳光与空气。同时，在朝向走廊的方向，改
变原来门的位置，增加了一扇窗，并扩大靠近巷道的所
有窗户，增加室内的采光，方便屋内与屋外的空气对流。

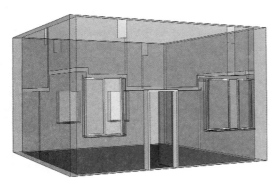

增加一扇窗，在两窗位置中间开门

朝向走廊的方向开窗

扩大靠近巷道一侧所有的窗户

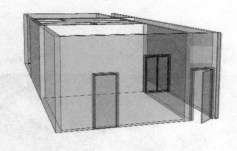

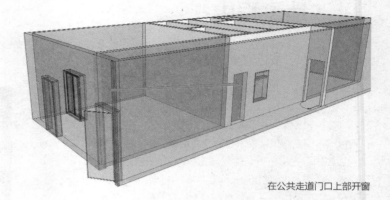

在公共走道门口上部开窗

## ○利用钢结构搭建阁楼

在尽可能地增加通风之后，设计师着手对空间进行重新规划。拆除隔墙与阁楼后，整个空间被完全打开了。设计师利用钢结构重新搭建了二楼，在扩大了面积的同时，有效增加了房屋的使用空间。

利用钢结构重新搭建二楼，在扩大面积的同时，有效增加了使用空间

## ○巧妙设计二楼楼板的高度差，避免压抑感

天花板上的两根大梁是建筑物结构不能改变的承重梁，梁下高度不足 3.2 米。如果要保证楼下有足够的活动空间，楼上天天碰头的情况就无法避免。为了保证梁下通行的舒适度，设计师将餐厅和客厅部分空间做了提升。

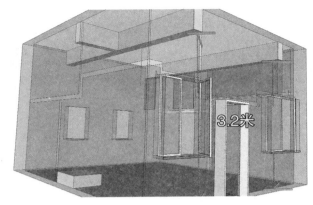

整个空间有 3.8 米高，梁下高度仅有 3.2 米

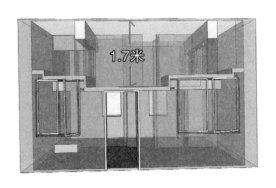

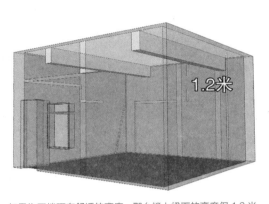

如果为了楼下有舒适的高度，那么楼上梁下的高度仅 1.2 米，人在阁楼上无法站直

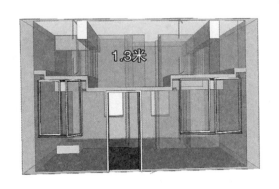

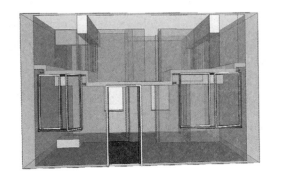

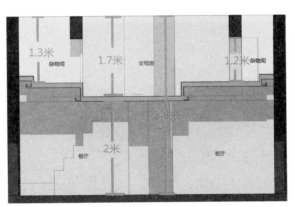

为了避免楼上空间的压抑感，设计师提升了楼下餐厅和客厅的高度

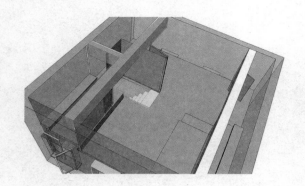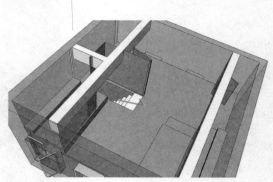

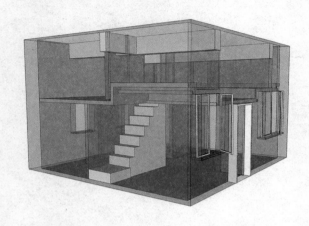

改变楼梯走向，巧妙利用楼梯的坡度，保证梁下通行，可以直接进入二楼，避免了碰头

## ○规划二层阁楼空间

设计师将二楼的大部分空间规划成了汤先生夫妇的卧房，而女儿的房间，则安排在靠近巷道的侧面。为了让他们生活更方便，设计师在二楼还设计了一个卫生间，这个卫生间的高度就是楼下客厅抬高的部分，设计师利用高起来的部分做了一个洗手台。

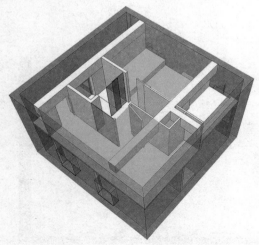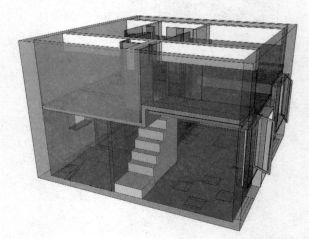

女儿房与父母房示意图

靠近巷道的一面是女儿的卧室

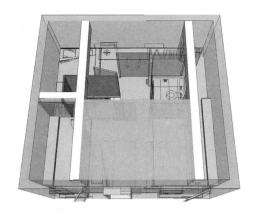

客厅上方的整个空间是汤先生夫妇的卧室

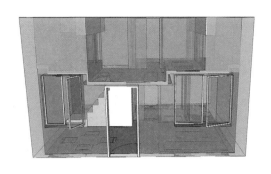

低矮空间作为储藏室和衣帽间

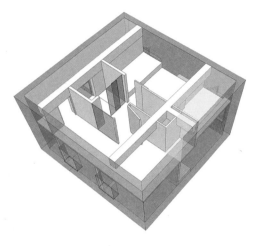

二层储物间位置

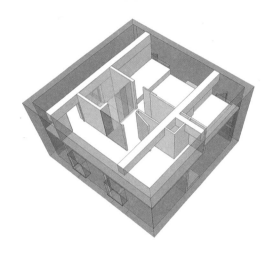

二层卫生间位置

## ○规划一层空间

完美解决了阁楼的问题后，设计师对一楼空间也做了新的划分。老人房由原来靠近公共走廊的位置，移到了靠近巷道的一侧，此处有向外开的窗和良好的通风。经过重新规划空间，整个房子变成了三室两厅两卫，极大地增加了使用面积。

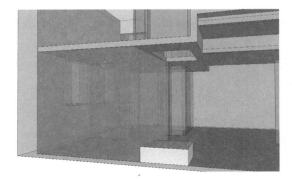

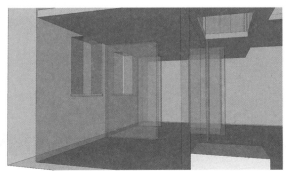

将老人房的位置移到靠近巷道的一侧，此处有向外开的窗，方便通风

对一层地面做防水铺装处理

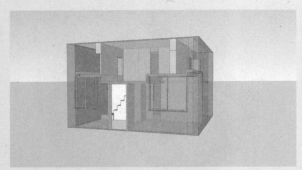 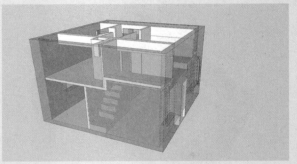

原来的狭小阁楼，需要通过一段陡峭的扶梯才能爬上去，再低头钻过横梁，难免撞头。在新的设计里，设计师巧妙地借用楼梯的坡度来保证梁下通行

## ○巧妙利用钢结构的角铁空间，安排管线和电线位置

  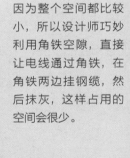

因为整个空间都比较小，所以设计师巧妙利用角铁空隙，直接让电线通过角铁，在角铁两边挂钢缆，然后抹灰，这样占用的空间会很少。

巧妙利用钢结构的角铁空间，安排管线和电线位置

## ○利用灯槽设计，扩大视觉效果

由于空间本身比较狭小，为了扩大视觉效果，
设计师别出心裁地采用了灯槽的设计。

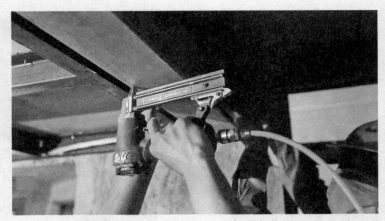

巧妙利用灯光，改善视觉效果

## ○引入自然光线

设计师把巷道刷成白色，并在对面大楼上寻找到了一个合适的
角度，避开邻居家的窗户，贴上大面积的镜子，将光线引入巷
道里。同时，把入口通道的墙壁刷成具备防潮、防水性能的白
色外墙涂料，利用光线的漫反射增强屋内的采光。

在入户走道的墙面刷上具有防水、防潮性能的白色墙面涂料，利用光线漫反射增加屋内采光

设计师在大楼上寻找到了一个合适的角度，在巷道一侧贴上大面积的镜子，将光线引入巷道

## ○ 解决防潮问题

设计师在室内地面做了防水层，并在地面上铺设了防水地砖。另外，还在不同位置增设了排风扇，增加空气流通。除了以上的常规做法，设计师还选用了防潮、防水性能好的外墙涂料代替内墙漆。

在屋内各个房间安装排风扇

地面做防水处理，并铺设防水地砖

利用外墙涂料代替内墙漆

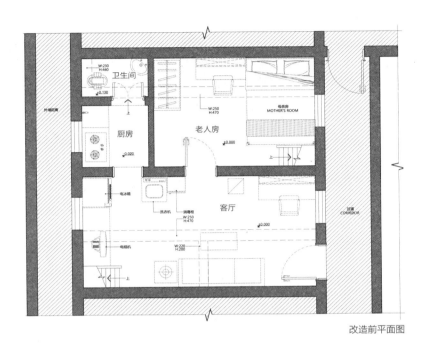

改造前平面图

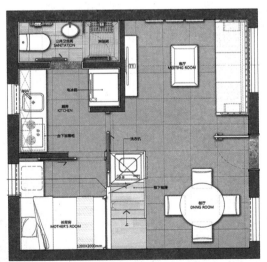

改造后一层平面图

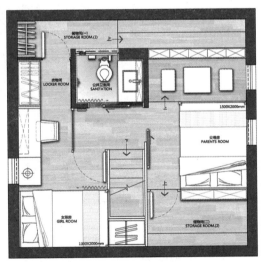

改造后二层平面图

# 5 改造后成果分享

## ○宽敞明亮的客厅

经过一个多月的努力，整个硬装过程顺利完工。大气明亮的空间，色彩柔和的楼梯，成了视觉的焦点。灯光的巧妙利用以及镜子的大面积使用，扩大了客厅与餐厅的视觉效果。

改造前客厅

一层、二层空间效果图

客厅与餐厅楼板的抬高，让整个空间更加舒适开阔

灯槽与餐厅大面积镜面的使用，丰富了空间层次，扩大了视觉效果

沙发下的空间可以收纳茶几，两个茶几铺开来，铺上被褥可作为临时床铺使用

## ○功能齐全的厨房空间和一层卫生间

厨房的玻璃移门隐藏在墙里，这样既遮挡了厨房的油烟，又可以避免客厅的声音打搅到老人的休息。自然光线的引入让整个厨房明亮了起来，白天不需要像以前一样开灯了。与厨房相连的卫生间，改变了以往狭窄的局面，宽敞明亮的卫生间方便老人使用。

改造前卫生间

玻璃移门既阻挡了油烟进入客厅，又可以避免客厅的声音传到老人房，影响老人休息

厨房效果图

巷道自然采光的引入，照亮了厨房

老人房对面即是卫生间，方便了老人使用

## ○通往二层的楼梯

经过精心的设计，设计师利用梁下的空间，安装了楼梯，这样不仅不会再碰头，而且还节省了空间，上下楼梯变得非常便利。

巧妙设计二楼楼梯的高度差，避免压抑感　　　改造前楼梯

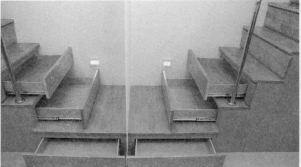

楼梯下面的空间可以储物

楼梯下靠近厨房位置的空间，放置了洗衣机，并安装了筒灯，方便拿取衣物

楼梯上方正对二层卫生间

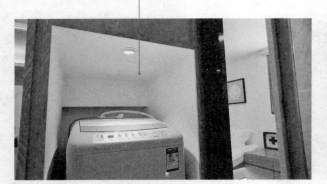

## ○贴心实用的老人房

老人房由以前靠近走廊的位置移到了巷道，巷道引入的自然光照亮了整个房间。设计师还为老人安装了安全报警装置，老人可以在楼下通过开关控制，方便通知家人照顾。

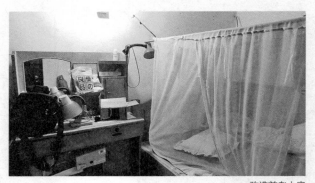

改造前老人房

老人房床下的局部照明，方便老人起夜

巷道自然采光的引入，照亮了整个老人房

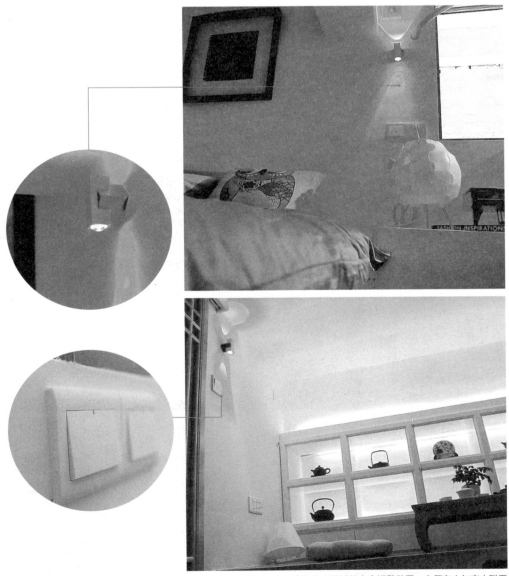

专为老人设计的安全报警装置，方便老人与家人联系

## ○二层卫生间

设计师在二楼正对楼梯位置，设置
了方便使用的卫生间，以后一家三
口就不用跑到楼下使用卫生间了。

二楼卫生间的设置方便了汤先生一家使用，台盆下的高台正是楼下客厅抬高的位置

## ○雅致而宽敞的汤先生夫妇房间

通过楼梯到达二楼，由左到右，依次是女儿房、
卫生间和父母房。汤先生夫妇终于有了可以伸
直腰板、自由活动的空间。

改造前阁楼

阁楼主卧储物间入口位置

床头位置向里设置了方便储物的储物间

设计师在二层主卧的位置上将原来的两扇窗开大，方便屋内的通风与采光。并在床头开灯槽，方便照明与储物

利用楼下客厅抬高的位置，设计了可以坐卧的茶室

## ○女儿拥有了自己独立的卧室与储物间

原来回到家只能睡沙发的女儿，现在终于拥有了属于自己的独立卧室。

女儿的独立空间

从楼梯上来，左手边是女儿房

设计师利用梁下空间安排了可以躺卧的床铺

利用预留的小空间作为储物间

## ○设计师个人资料

| 何永明 | 荣誉奖项 |
| --- | --- |
| 广州道胜装饰设计有限公司设计总监<br>以"现代主义精神为设计注入完美无瑕的风格和创新能量，体现好设计，为生活"为设计理念 | 2016 年荣获意大利 A design 国际设计银奖<br>2016 年荣获香港环球设计大奖铜奖<br>2016 年荣获金创意奖国际空间设计大奖<br>2015 年荣获 CIID 中国国际室内设计大奖赛商业工程类金奖<br>2015 年荣获 CIID 中国国际室内设计大奖赛最佳设计企业奖<br>2015 年荣获中国建筑设计奖<br>2015 年荣获 APIDA 香港亚太室内设计大奖展览空间铜奖 |

45 平方米百年四合院迎来新生

# 书画里的家

○ 基本资料

● 地点：北京
● 房屋面积：45 平方米
● 家庭成员：90 岁的李奶奶、轮流照顾李奶奶的
　　　　　　五个儿子、李奶奶的小孙子
● 装修总造价：38 万元
● 设计师：梁建国

| 改造总花费：38 万元 | | |
|---|---|---|
| 硬装花费 | 材料费：12 万元 | 25 万元 |
| | 屋顶修复：2 万元 | |
| | 排污管道：4 万元 | |
| | 人工费：7 万元 | |
| 软装花费 | 5 万元 | |
| 其他花费 | 设计师资助屋顶费用 8 万元 | |

北京，历史文化悠久。这里的一砖一瓦，都是历史；这里的一人一物，都有故事。李奶奶是个地道的老北京。她的房子位于北京和平门外的炭儿胡同，北面是天安门，西面是有着数百年历史的老商业街——大栅栏。大栅栏至今还保存着老北京商业街的原汁原味。20 世纪 50 年代，李奶奶跟随丈夫搬进了炭儿胡同，在这个四合院的南房，一住就是半个多世纪。从过去的两口人，发展到七口人，再到现在的二十口人，这间老房子也经历了冷清、热闹、拥挤，再到破旧的自然变迁。老伴儿去世了，孩子们搬走了，只有李奶奶守着这个家，从未离开。

# 1 房屋状况说明

李奶奶家的房子位于整个四合院中最南端的一排，俗称倒座房。按照四合院的传统，倒座房临着胡同，南面一般只开窗，不开门，所有进出的门都朝北。但是，李奶奶家却破墙开店，做起了杂货铺的生意。

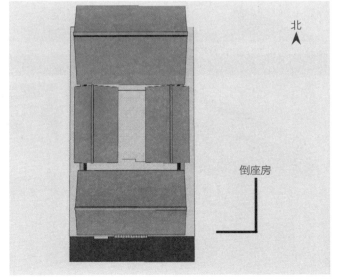

北 ▲

倒座房

李奶奶家位于四合院的倒座房位置

倒座房的窗户原本临街，北面开门

李奶奶家将南面窗户位置改造成了杂货铺

## ○拥挤的杂货铺

不到 4 平方米的杂货铺堆满了各种货物，放学时，学生们蜂拥而入，让整个空间显得更加狭小。简易的摆设、杂乱的布置、狭小的空间，老铺尽显疲态。倒是招牌上用毛笔书写的店名和随意堆放的字画，让这家小店显得有些与众不同。

"年过半百"的店铺，如何在日益激烈的市场竞争中生存下来，焕发出新的生命力，成了摆在设计师面前的第一个难题。

堆满货品的、拥挤的杂货铺

## ○老人需要五个儿子的轮流照顾

李奶奶的房间有两张床，除了李奶奶外，她的五个儿子每晚都轮流睡在这里照顾她。由于李奶奶身体不好，医院的病床直接被搬到了家里。因为岁数大了，喘气不均匀，大夫建议李奶奶晚上睡觉时床得倾斜一点。

老人日常走动需要扶手

五个儿子轮流照顾时睡的卧床

老人的护理床

## ○缺少无障碍设施

家里前前后后有三个门可供出入。但是，李奶奶不管走哪条道，一路上都是磕磕碰碰，门槛不断。

为了保障李奶奶的安全，儿子们在院子里的各处都安装了扶手

有老人居住的房子，首要的关键词就是"无障碍"。可现在的家里，却处处都是"埋伏"

## ○临街加盖的区域，遮挡了进入屋内的阳光

李奶奶在家行走不便，出一趟门就更不容易了。于是儿子们在老人房门外加盖出一片区域用于放置代步三轮车，加盖的区域虽然能够放下老人外出的代步车，却让屋内与阳光彻底无缘。

加盖的车棚

车棚内部

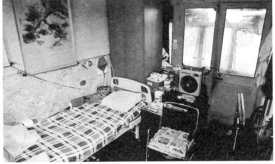

屋外搭建的小棚用于放置老人的代步车，但却遮挡了阳光进入室内

## ○没有卫生间

家里没有卫生间，不管是老人还是年轻人，都要靠痰盂来解决上厕所的问题。

家里没有卫生间，一家人只能使用痰盂

## ○无法实现 20 人同桌吃饭

因为家里空间有限，有时候全家二十口人却很难吃上一顿真正意义上的团圆饭。这么小的空间，要同时容纳二十口人，几乎是无法完成的任务。无处安放的大餐桌，成了全家人的心结。

客厅里的餐桌只能供三四个人就餐，同时餐桌也兼具书桌的功能

家里的餐桌不能容纳 20 人同时用餐，一部分家人只能在隔壁的杂货铺柜台上用餐

## ○兼具厨房与卧室功能的狭窄房间

李奶奶的小孙子为了就近上班，住在同时肩负着厨房和卧室两个功能的狭小房间里。几乎每一个早晨，他都要被这锅碗瓢盆声吵醒，而满屋子的油烟更是让人苦不堪言。

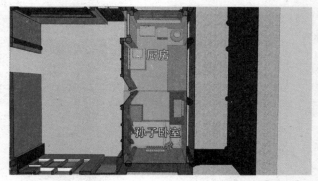

厨房与卧室同处一室

厨房与卧室相连，油烟和噪声非常影响休息

## 2 原始空间分析

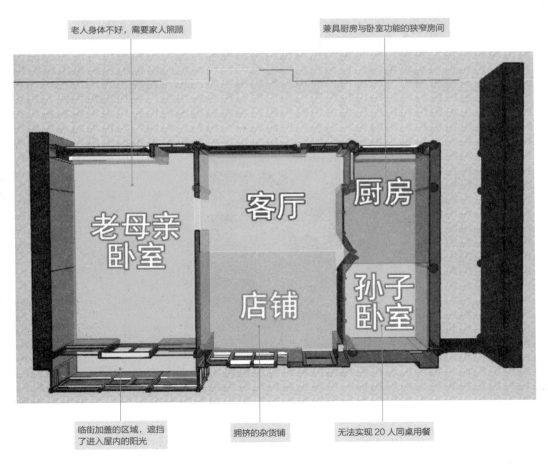

老人身体不好，需要家人照顾

兼具厨房与卧室功能的狭窄房间

客厅

厨房

老母亲卧室

店铺

孙子卧室

临街加盖的区域，遮挡了进入屋内的阳光

拥挤的杂货铺

无法实现 20 人同桌用餐

# 3 改造过程中

## ○ 修复屋顶

改造从修复屋顶开始，负责古建筑修复的施工队首先掀
除了屋顶的瓦片。虽然李奶奶家的屋顶在当初建造时就
采用了四合院的传统工艺——用椽子作为屋顶的基本构
架，但是由于年久失修，大部分瓦片和椽子都已经损坏，
存在安全隐患。于是设计师着手安排施工队对老房屋顶
进行了修缮。

第一步：掀除屋顶上的瓦片，尽量保留原有瓦片

第二步：安装椽子。由于年久失修，一部分椽子已经腐烂，设计师换掉大约
2/3 的椽子

第三步：铺油毛毡

第四步：钉椽子

第五步：砌三合土，对房顶做保温隔热处理

第六步：铺瓦

第七步：垒脊

第八步：完工

老北京传统四合院最大的特点就是以木材——椽、梁、枋、柱作为房子的支撑和骨架结构，这大大减轻了四周墙体和屋顶的负重量。

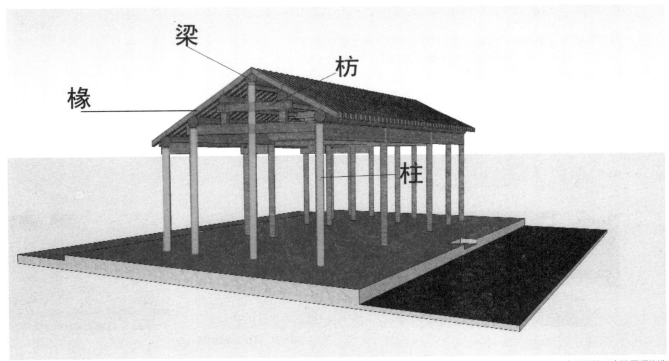

中国传统四合院屋顶构造

### ● 三合土

三合土是一种建筑材料，它由石灰、黏土和细砂组成，其实际配比视泥土的含沙量而定。经分层夯实，具有一定的强度和耐水性，多用于建筑物的基础或路面垫层，保温隔热效果明显，但不能配合钢筋使用。

### ● 三合土与水泥的比较实验

为了测试三合土的坚硬程度，节目组同时用三合土和水泥分别砌了个墩子，做对比试验。七天后，用锤子对两个墩子进行敲击。水泥块被敲得四分五裂；可同等力度下，三合土只出现了部分开裂和凹陷。若时间达到上百年，三合土的硬度能达到花岗石的硬度。

三合土　　　　　　　　　　　水泥　　　　　　　　　　　三合土

第一步：按比例拌制材料

## ● 温度对比试验

为了验证传统制作工艺保温隔热效果显著的说法，节目组将三个同款同规格的温度计，在同一时间，分别放置于室外阴凉处、普通商品房和李奶奶屋内。几分钟后，室外阴凉处、普通商品房和李奶奶屋内分别出现了 9 摄氏度和 5 摄氏度的温差。

李奶奶家　　　　　　　　　　　室外阴凉处　　　　　　　　　　　普通住宅

水泥　　　　　　　　　　　　三合土　　　　　　　　　　　　水泥

第二步：夯实　　　　　　第三步：七天后，用锤子对两个墩子进行敲击，水泥块很容易被敲碎

## ○根据实际层高，合理划分空间格局

随着屋顶的改造完工，施工队开始着手对屋内的隔断和
吊顶进行拆除。第一阶段的清拆完成后，这栋始建于明
朝的老房子，终于露出了它原有的木结构，最高处有 4.4
米。设计师将东侧和西侧分成了上下两层，剩下客厅区
域的上层空间被彻底释放。这样既有大空间，又有小空
间，会显得这个房子更宽敞。

原有木结构示意图

拆除隔断和吊顶，露出老房子的原有结构，房子的最高处有 4.4 米，最低处有 3 米

设计师将东西两侧分为上下两层，将中间客厅部分空间彻底释放

## ○巧妙利用废弃材料

对于拆除过程中的一些边角木料，设计师带回家具厂进行二次利用并做特殊处理。除了木料，家里原有的青砖也被重新打磨利用。这样的做法既能在新的家中找到一种回归的感觉，又能达到节约资源的目的。

废旧砖料经过打磨处理，重新铺装

用旧木板做成门框

## ○对共用的墙做隔声处理

考虑到李奶奶家西侧的墙和邻居共用，设计师做了隔声处理。

和邻居家共同的一面墙，设计师贴了隔音棉，做隔声处理

## ○利用中空玻璃代替单层玻璃

在保持木窗框架不变的前提下，设计师让工人用双层中空玻璃替换了原有的
单层玻璃，并在中空玻璃外又加了一层榆木窗格，以达到与室内协调统一的
效果。在隔音棉和中空玻璃的双层保障下，屋里的隔声效果得到了改善。

安装了中空玻璃后，室内外的声音有 30 分贝的差值

## ○室外污水管的排放

每个四合院里，只有一个供几户人家共同使用的雨水管，不能用
作排污使用。因此，抽水马桶的排污，是老房子最难解决的问题。
经过设计师的反复考虑和斟酌，决定将污水排到距离姚家一百多
米的公共厕所。 在铺设室外污水管的过程中，施工队采用了 11
厘米口径的管子，并且让整个管子全程保持接近 1.5 度的倾斜。
此外，还在大约每隔 25 米的地方，分别加装了检修口。

开挖路面，并在 24 小时内恢复使用　　　　利用室内排污管和室外排污口的自然落差，把污水排放到公共厕所

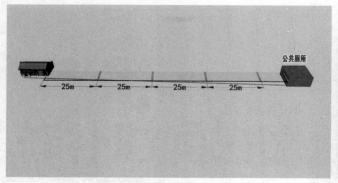

每隔 25 米加装一个检修口

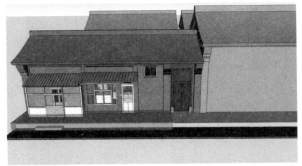

四合院的地基本身就比街沿高出 50 厘米

污水管到公共厕所正好有一个 1.5 度的坡度

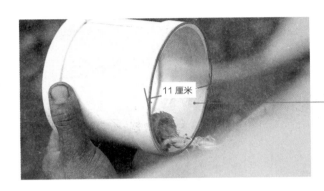

11 厘米

污水管选用 11 厘米
口径的管子

## ○规划屋内布局

在区域布局上，设计师并没有做太大的改动。店铺、客厅、厨房、李奶奶的房间都还在原有的位置，只是在屋内安装了两个卫生间，将孙子的卧室挪到了东侧的阁楼上。

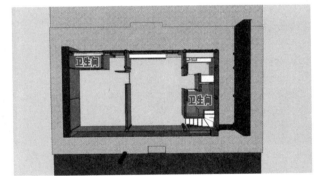

屋内增加了两个卫生间

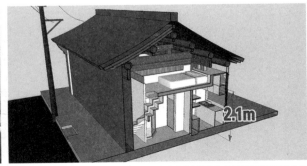

为了保证上下使用的舒适度，设计师把阁楼钢结构的高度设定在 2.1 米

利用钢结构搭建阁楼

利用钢结构搭建楼梯

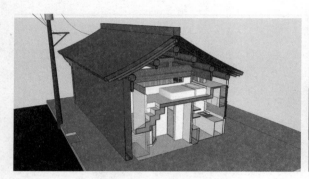

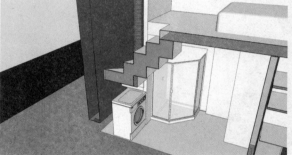

巧妙利用楼梯背部的空间，安置洗衣机

由于洗衣机安排在卫生间，为防止潮湿的问题，设计师将洗衣机抬高了 10 厘米

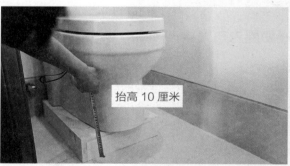

抬高 10 厘米

为方便老人蹲起，在马桶底部砌了一个 10 厘米的地台

## ○屋内的通风和采光

考虑到通风和采光，阁楼的周边隔断都选用了玻璃材质。而西侧的上空区域，设计师也做了墙面局部镂空的处理。同时，和阁楼相邻的南墙则被开了一个宽约 1 米的大气窗，方便通风与采光。

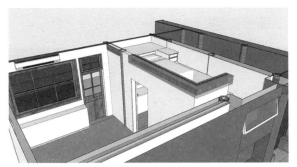

为了采光，阁楼周边以玻璃材质作为隔断

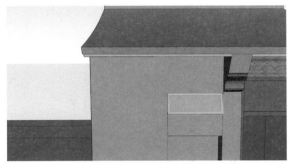

阁楼南面开大气窗，方便通风与采光

阁楼西侧上空区域做镂空处理，与室内空气对流

## ○在老人房上方安排阁楼，方便家人临时居住

老奶奶平时就喜欢热闹，觉得家里房间不够，在改造过程中临时提出要求，希望能增加一个房间。根据老太太的要求，设计师在她的卧室上方，加出一个书房兼卧室的阁楼。

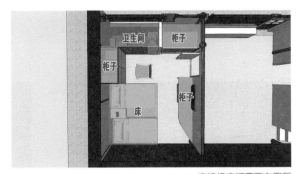

李奶奶房间平面布置图

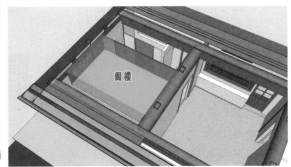

在李奶奶房间上方安排阁楼

## ○细节处理

木柱已经开裂

除了阁楼的部分用钢结构搭建外，整个房子的支撑主体还是原有的木结构。但是有些柱子已经开裂，设计师采用了修旧如旧的方法，在经过打磨、清洗之后，老柱子露出了它原有的木纹。

对于原来的所有木门，设计师也运用了修旧如旧的做法，只是单纯地加强了它的功能性。考虑到李奶奶已经快九十岁了，而且行动不便，设计师在一些关键的位置安装了大量的扶手。

打磨

清洗木柱

上漆

对于一些柱子的残缺部分，工人也做了相应的修补、加固

对于开裂的部位，工人用铁箍扎紧

在屋内外安装大量的扶手

对原有的木门采用修旧如旧的方法

# 4 改造后平面图

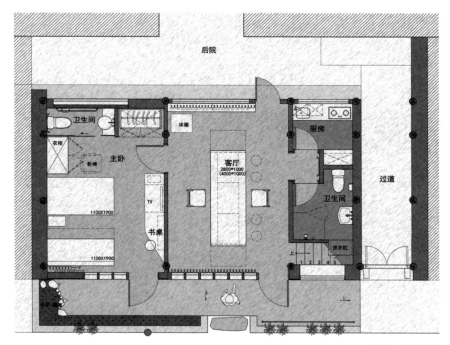

改造后一层平面图

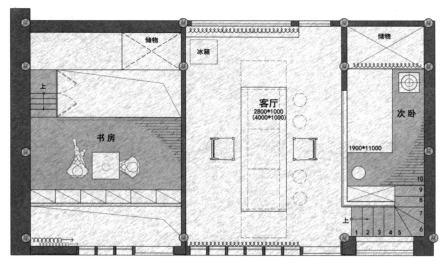

改造后二层平面图

# 5 改造后成果分享

## ○保留原有老宅的窗门

历时三个半月,所有硬装全部完工。北边墙面保留原有的老北京红色窗门,让整个宅子显得古朴、亲切,一眼就能勾起人们对于"老北京"的无限怀念。

保留原有窗框,重新上漆

选用中空玻璃,隔声、保温效果明显

## ○客厅与商店空间

室内空间,以白、灰等纯色为主色调。原有的梁柱经过精心修复后既显得朴素无华,又不失自然的韵味,给人以无限的时间和空间感。线条简约的落地窗沉稳大气,和承载传统韵味的砖墙梁柱完美结合,古今交汇。设计师刻意模糊了店铺和客厅的界限,使得空间的功能性显得更加开放。

改造前客厅

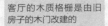
客厅的木质格栅是由旧房子的木门改建的

室内以白、灰色为主色调,木质的长方形餐桌并没有过多的雕饰,朴素自然中透着几分禅意,简单却不单调

相对于客厅的大面积留白和挑空,东、西两侧屋子的空间都得到了最大程度的利用

精心修复的梁柱不失老房子的韵味

保留老暖气片，外部木质百叶罩的装饰，在确保实用性的同时，也兼顾了美观

储物架可以变换为餐凳

改变了小卖部原有的格局，储物架既是展示架，又是餐凳，方便又实用

客厅里的书桌既可以作为展示商品的柜台，也能作为家人绘画的画桌，桌子下设置了可以随意移动的柜子，方便储物。桌子展开来可以供全家20人用餐

## ○主卧与客卧空间

上方的阁楼既可作为客卧，也可用来储物。空间的叠加效应，让整个房子的使用面积得到了有效的扩展。卧室和阁楼可通过玻璃相望，方便了家人交流。现代生活的功能需求也被巧妙地放置其中。

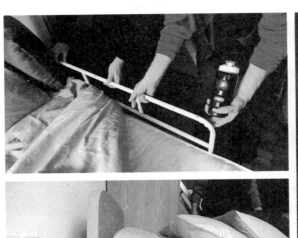

李奶奶以前的护理床，用木板装饰之后，和整个家居风格浑然一体

家里的一些老物件，被刻意做了保留，给整个空间平添了几分怀旧的意蕴。大衣柜还是原先的，但内衬却被刷成了湖蓝色。大胆的撞色搭配，打破了沉闷，平衡了新旧两种感觉。

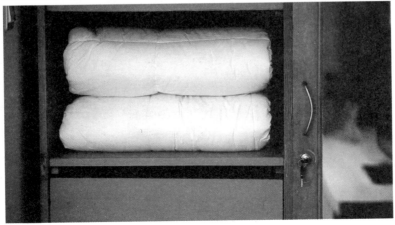

通往二层阁楼的楼梯巧妙地隐藏在衣柜中

书架的设置方便摆放字画

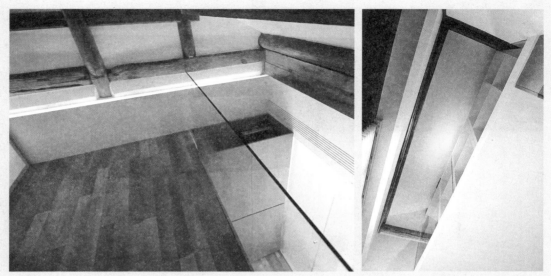

卧室和阁楼通过玻璃相望，增加了空间的交流感

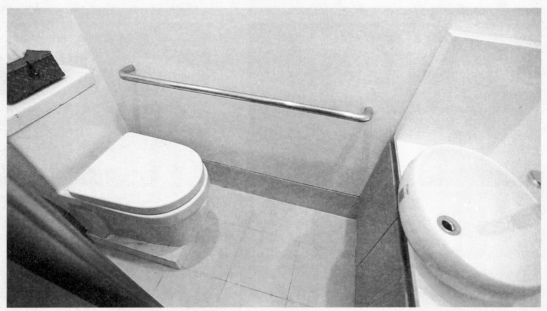

抬高的马桶高度方便老人蹲起

改造前的厨房

## ○厨房与卫生间

厨房、卫生间一应俱全，大大提高了居住的舒适感和便捷度。
合理的布局，让小空间的干湿分离，变成了一种可能。

合理的厨房布局，让小空间得到了最大的利用

卫生间干湿分离的设计方便实用，淋浴间还特别为老人设计了可以坐下淋浴的坐凳

巧妙利用楼梯背部的剩余空间，放置洗衣机。洗衣机下设置了可以移动的铁架，防止潮湿问题影响洗衣机工作

## ○孙子的阁楼卧室

阁楼的高度适宜，顶部空间不显压抑

卧床放置在整个空间里不显拥挤

孙子的卧室被安排在了东侧
阁楼的位置，完全避免了以
前卧室被烟熏，以及噪声的
干扰。楼梯处气窗的设置为
房间增加了通风和采光。阁
楼台阶下收纳抽屉的设计解
决了房间储物的问题。

阁楼气窗的设计，利于阁楼通风与采光

透过阁楼上方的玻璃可以看到楼下，方便与家人沟通交流

保留横梁的设计，既丰富了空间层次，又为整个房子增添更多怀旧的气息

阁楼楼梯兼具美观与实用性

## ○屋外小院

竹影清风，完全模糊了"内"与"外"，淡化了"老"与"新"的概念，营造出一种大隐隐于市的感觉。无障碍设施的规划，让老太太外出晒太阳变得十分便捷。

改造前商店门口

焕然一新的商店外部，有一种大隐隐于市的味道

坡道的设计方便老人轮椅通过

花池的砖都是改造中留下的旧砖

○设计师个人资料

梁建国

国际著名设计师
制造·中创始人
中国陈设艺术专业委员会执行主任
秉持"帮客人解决问题"的设计态
度，倡导"艺术生活化，生活艺术化"
的设计理念

荣誉奖项

2011 年、2012 年，2014 年荣获 Andrew Martin
International Awards 全球著名室内设计师
2013 年第 40 届国际室内设计大奖
2012 年第 39 届国际室内设计大奖
2012 年被授予年度"陈设中国 - 晶麒麟奖"最高荣誉
——设计艺术家
2012 年获得"2012 中国室内设计十大年度人物"

53 平方米大改造，
30 口家人乐团圆

修补时间的家

○基本资料

● 地点：重庆
● 房屋面积：53 平方米
● 家庭成员：委托人唐先生和爱人、唐先生父母
● 装修总造价：19.2 万元
● 设计师：赖旭东

委托人唐先生 1962 年开始学修表，他的父亲 1938 年开始修表，算到今天父子俩修表的时间已经有一百多年了。唐先生的父母一直和他们夫妻俩生活在一起，如今老父亲已有九十多岁了，为了防止老人摔跤，夫妇俩特意在卫生间准备了一把便椅。唐先生的父亲修了一辈子钟表，虽然现在已经不能工作了，但他每天最开心的事情就是来到书桌前摆弄修表的工具，每当此时，时光仿佛回到了自己年轻的时候。

唐老先生把手艺传给了儿子，但让老爷子失望的是儿子并没有传给孙子。唐先生把希望放在了家里的第四代身上，经常让他们来看他修表。哪怕是玩一玩零件，也会给唐先生心里增加一份安慰。虽然暂时没人继承手艺，但家里的后辈都对老人非常孝顺，经常来家里看望，关心老人的身体情况。

入口客厅

# 1 房屋状况说明

唐家跟很多位于山城的人家一样，是一栋依山而建的十层老式住宅楼，位于 5 楼的唐家，是 53 平方米的两室一厅。一进门是约为 15 平方米的客厅兼餐厅，东边分别是唐先生的父母和他们夫妻的卧室，厨房被安排在阳台上，从两个卧室出入厕所，都要经过一个狭窄的过道，而家里的洗衣机也被放在这条过道上。

| 改造总花费：19.2 万元 | | |
|---|---|---|
| 硬装花费 | 材料费：7.2 万元 | 12.2 万元 |
| | 人工费：5 万元 | |
| 软装花费 | 7 万元 | |

## ○家里缺少晾晒空间

两室一厅的房子原来有三扇对外通风的窗户，但由于客厅的窗户外是邻居家厨房的烟道，阳台的窗户外是自己家厨房的烟道，老人房间的窗户则安装了窗式空调。一家人唯一的晾晒空间只剩下客厅了。

衣服都晾在客厅里

客厅只有一扇朝东的窗户，采光很不好，无论白天黑夜都要把客厅三盏日光灯全打开

老人房的窗式空调影响屋内采光

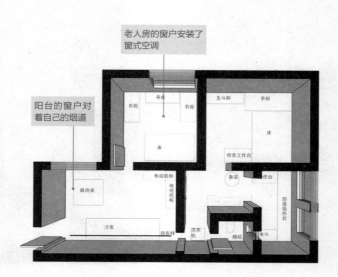

老人房位置看客厅

老人房的窗户安装了窗式空调

阳台的窗户对着自己的烟道

客厅采光差

## ○ 卫生间长期承担着厨房和洗衣机
排水的功能

淘米、洗菜、洗衣服、上厕所、洗澡，所有的生活用水，都要通过排水管排到卫生间里，由于水管排在地面，导致卫生间地面异常湿滑。为了防止老人摔跤，唐先生妇特意在卫生间准备了一把便椅，但走出卫生间，老人也要经过狭窄、黑暗的过道，拐四个弯，才能到卧室。

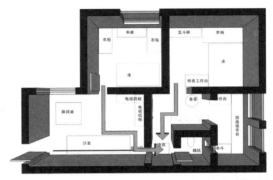

从主卧、次卧到卫生间的动线曲折

洗衣机放在卫生间与过道的中间，阻碍了行走的动线

接水要穿过卫生间的门，使用非常不便

除了洗衣机的上下水，在卫生间的墙壁上，还有一根黑色的排水管向厕所排放污水

卫生间因为长期承担排水的功能，地面非常湿滑

## ○ 主卧室兼具工作间，空间狭窄，收
纳空间少

修理钟表是唐家的主要生活来源，也是困扰他们家的居住难题。唐先生的工作室也是卧室，因为没有足够的收纳空间，跟钟表有关的东西几乎占满了整个空间，不仅桌上放满了各种备用的机芯，窗台也垒砌了高高的钟表盒，就连五斗橱里也放满了东西。由于没有合理的收纳空间，导致很多零件无法归纳，加上房间光线不好，掉在地上的零件找起来很困难。

有时候晚上赶工，开着灯，严重影响妻子休息

唐先生与妻子的房间只有一扇门出入，原本与阳台相连的窗户为了防止油烟的渗入，也用隔板隔了起来

柜子里塞满了各种零件

桌上放满了备用机芯，桌上的五斗橱里也放满了东西

柜子上摆满了杂物，放置杂物的搁板也已经变形

## ○老人房没有储药空间

唐先生的父母年龄大了，每天需要服药，但没有储存药物的固定位置，只好用几个塑料袋来区分药物。这样的储物空间对于一家人来说都不太方便。

柜子上摆满了药物

桌上摆满了药物

窗式空调遮挡了光线

角落里也是药物

塑料袋里装满了药物

## ○阳台占用了家里采光最好的地方

厨房在阳台的位置，虽然解决了室内排油烟的问题，但是也浪费了房子里采光最好的位置。卧室里的空调外机也被架在了厨房的架子上，空调使用起来产生的热风直接被排到阳台。

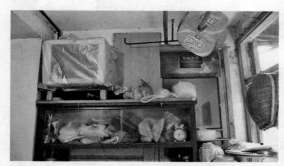

卧室的空调热风直接排到厨房里

家里的大大小小的锅碗无处收纳

阳台是家里唯一的采光来源

## ○小黑板是家里人与老人沟通的唯一方式

90 岁的老人虽然身体还好，但是耳朵已经失聪，一家人平时沟通都要靠一块小黑板来交流，但是小黑板写不了几个字，还弄得到处都是粉笔灰。有时候粉笔用完了，和老爷子的沟通就只剩下猜了。

## ○狭窄的客厅要容纳二十人的家庭聚会

有父母在的地方就是家，唐家开枝散叶五十多年，七个子女，十几个孙辈，周末都要聚到爷爷、奶奶身边，十五平方米的客厅，二十多个人参加的聚会，大家就只能将就着坐下。折叠凳、电视柜不得不成为聚餐时的座位。

# 2 原始空间分析

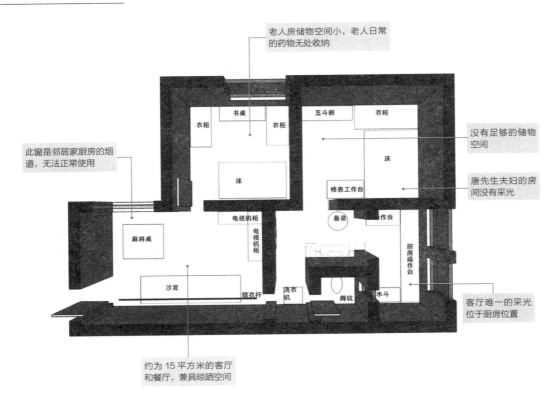

老人房储物空间小，老人日常的药物无处收纳

此窗是邻居家厨房的烟道，无法正常使用

没有足够的储物空间

唐先生夫妇的房间没有采光

客厅唯一的采光位于厨房位置

约为 15 平方米的客厅和餐厅，兼具晾晒空间

书桌　衣柜　衣柜　五斗橱　衣柜

床

床

修表工作台

备菜　操作台

电视机柜

电视机柜

麻将桌

沙发　晾衣杆　洗衣机　蹲坑　水斗　厨房操作台

# 3 改造过程中

## ○重新布局

在设计师看来，唐先生家的房子存在严重的不合理性。原本在客厅拥有两个门洞，分别通往老人房和生活区，这样的布局浪费了大量的客厅空间。设计师决定将这两个门洞都封起来，重新进行布局。

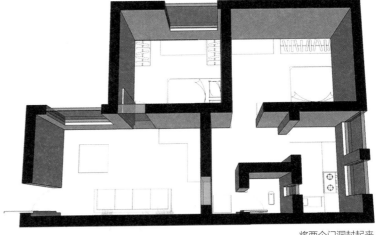

将两个门洞封起来

## ○拆除碗柜墙面，新开门洞

这个被打开的位置原本是墙上的碗柜，并不承
重。于是在此位置新开的门洞，成了改变整个
格局的关键。新开的门洞正对阳台窗户，可以
引入阳台的光线，大大提升了采光。同时，将
原来通往卫生间的门洞封起来，转角空间可以
放置转角沙发，以便容纳更多的人。

在碗柜位置新开门洞

拆除碗柜墙面

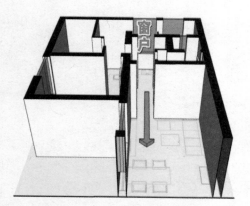

新开门洞利于通风和采光

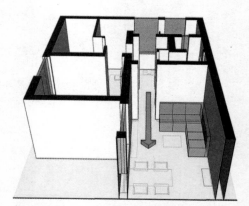

在原来门洞的位置，放置转角沙发，可以容纳更多的人

## ○将老人房的房门开在儿子卧室旁边

设计师对老人的房门做了调整，把老人房的房门开在儿子卧室附近。设计师考虑到房子结构安全的问题，预浇了一个门过梁。

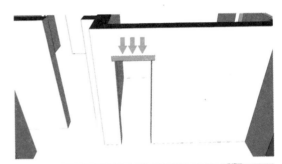

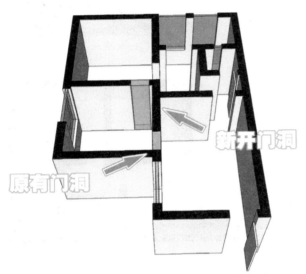

在儿子卧室旁开门

为了保证房子结构安全，在门上预浇过梁

## 装修小贴士

### ● 过梁

当在墙体上面开门洞时，为了解决其带来的压力问题，把这些压力传给下面的墙体，一般在洞口设置横梁，叫做过梁。过梁的设计一般用在砖混结构的房子中，放在洞口上方用来承受压力。

## ○缩小唐先生夫妇的卧室，节约的空间 作为修表间

老人房间的门洞改变了方向，使得唐先生夫妇的卧室必须做出调整，考虑到修表需要大量的空间，设计师决定缩小唐先生夫妇的卧室，把节省下来的空间作为修表的工作间，这样的设计使得工作空间和卧室可以共享这扇有直射阳光的窗户。

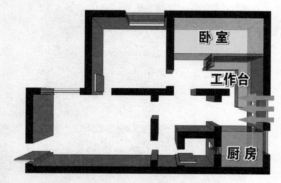

缩小唐先生夫妇的卧室空间，将节省的空间作为工作间，可以引入更多的阳光与空气

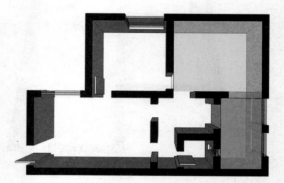

拆除厨房与卧室间的门带窗

## ○将空间设计成回字形结构

位于两个卧室之间的承重墙，虽然无法拆除，但设计师巧妙地将空间设计成回字形结构，这样便打通了整个动线，缩短了卧室到卫生间的距离。

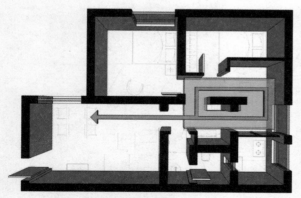

回字形结构的设计，利于引入更多的空气与阳光

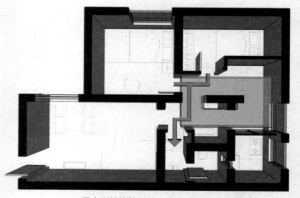

回字形结构的设计，缩短了卧室出入卫生间的距离

## ○将卫生间设为干区和湿区

由于唐先生家人的年龄都比较大，原来的卫生间设计也很不合理，设计师大胆将卫生间扩大一倍，并把卫生间分为干区和湿区，在干区位置设置了小便斗和马桶，解决了一到周末很多亲戚来，男女混用洗手间的尴尬问题。这样的设计也解决了唐先生父母以前上厕所，必须要拐四个弯，才能从卧室到达卫生间的问题。

地砖选用 150 mm×150 mm 的规格，这样卫生间的拼缝多，摩擦力会变大

地砖做火烧面处理，摩擦力变大

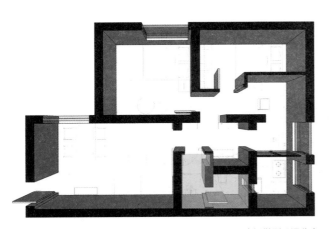

卫生间做到干湿分离

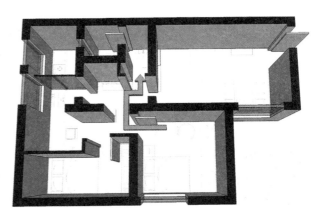

缩短了老人上厕所的距离

## ○将门洞改造为壁柜，方便储物

客厅没被封掉的门洞，按照常规的做法应该是用砖头填上，但是设计师却提出了"偷空间"的概念。利用墙壁本身60厘米的厚度，把门洞改成了壁柜，这样的设计，巧妙地利用了空间，既不会缩小客厅的活动范围，还增加了储物功能。

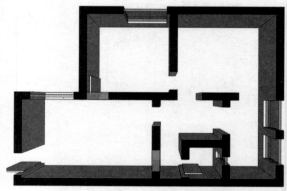

利用墙壁60厘米的厚度改造成壁柜

## ○选择隐藏式空调，缩小占用空间

为了尽量满足客厅多人用餐的需求，设计师尽量简化客厅其他设施，特别选择隐藏式空调，这样的做法也不会破坏整体效果。

选择隐藏式空调

隐藏式空调既节省了空间，也能起到美化的效果

# 4 改造前后平面图对比

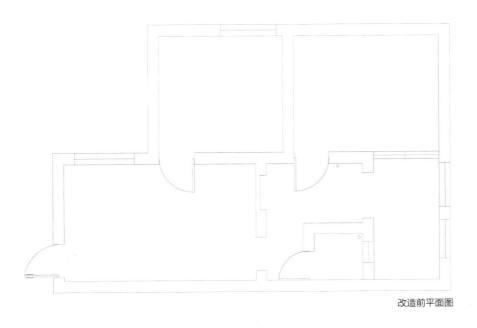

改造前平面图

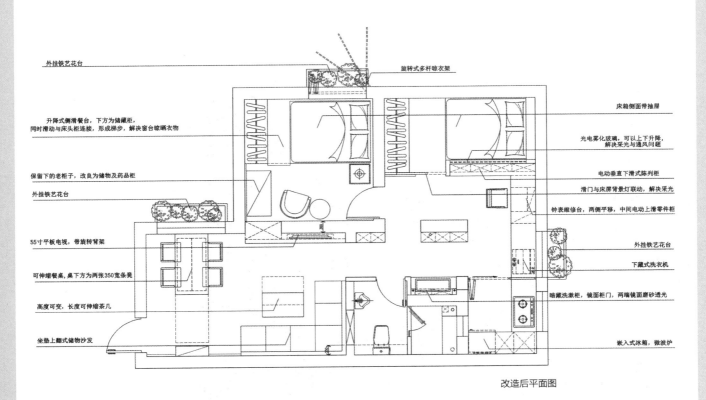

外挂铁艺花台

旋转式多杆晾衣架

升降式侧滑餐台，下方为储藏柜，
同时滑动与床头柜连接，形成梯步，解决窗台晾晒衣物

床箱侧面带抽屉

光电雾化玻璃，可以上下升降，
解决采光与通风问题

保留下的老柜子，改良为储物及药品柜

电动垂直下滑式陈列柜

外挂铁艺花台

滑门与床屏背景灯联动，解决采光

55寸平板电视，带旋转背架

钟表维修台，两侧平移，中间电动上滑零件柜

可伸缩餐桌，桌下方为两张350宽条凳

外挂铁艺花台

下藏式洗衣机

高度可变，长度可伸缩茶几

暗藏式洗漱柜，镜面柜门，两端镜面磨砂透光

坐垫上翻式储物沙发

嵌入式冰箱，微波炉

改造后平面图

075

# 5 改造后成果分享

## ○ 宽敞明亮的客厅

改造前客厅

历时五十天，所有硬装全部完工，原来 53 平方米的两室一厅呈现出完全不同的面貌。

入口处大量镜面的使用，使得整个客厅视觉上更加宽敞明亮，隐藏式空调节约了宝贵的空间。沙发也全部设置储物功能。重新设计的客厅门洞，不仅能把室外阳光直接引入，也为客厅释放了大量的生活空间。

转角式沙发能够容纳更多人坐下

大量镜面的使用，视觉上扩大了空间

隐藏式空调的使用，节约了空间

将原有门洞的位置改造成具有大量储物功能的壁柜

具有储物功能的沙发

大量光线的引入，使室内更加明亮

餐桌可以伸缩，长度可以达到 2.7 米，可以坐十几个人

茶几的灵活设计，方便了老人和家人围坐在一起打麻将

与 iPad 相连的电视，代替了小黑板，方便家人与老人交流

## ○回字形走廊

原来狭窄的走道被改成回字形结构，不仅使生活动线更加合理，同时改善了两个卧室的通风和采光。

改造前黑暗的走廊

壁橱对面为盥洗台

承重的隔墙改造成可以储物的壁橱

## ○干湿分离的卫生间

扩大整整一倍的卫生间，实现了干湿分离，方便家人的使用。特别烧制的火烧面地砖，也大大增加了防滑性。卫生间不仅面积变大了，设计师还把盥洗台设计在了外面，盥洗台上下都有了储物空间。

为方便亲戚来访，设计师特意安装了小便池，方便使用

淋浴区设置了可以方便老人坐下的坐凳

火烧面地砖防止老人摔倒

设计师利用原来门的位置作为卫生间的置物架

盥洗台上方和下方都设置了橱柜，以方便储物

## ○方便老人日常起居的卧室

老人的床紧靠窗口,房间里也增加了大量的储物空间,方便老人使用。设计师考虑到老人的身体状况,设计了一张床榻,既可以滑动过来当餐桌,还可以当楼梯,从上面走过去晾衣服。对于唐先生父亲想保留的具有百年历史的老柜子,设计师做了修复处理。

设计师保留了老式的旧柜子,并做了修复处理

老人房床头与窗相连,方便起居使用

老人房的窗户移除了窗式空调,明亮透气的卧室给老人的日常生活增加了更多的便利

老人房设置了大量的储物柜

可以移动的床上桌板,方便老人在床上就餐。床下配上矮凳,便成了一个方便通往窗外晾衣服的走道

## ○充足光线的修表工作台

设计师把修表工作台移到靠近窗口的位置，L 形的工作台也大大增加了工作空间。在装修阶段就充分设计的下拉柜，不用时可以收起。

改造前修表台

内藏洗衣机彻底解决了原本走路绕行不便的问题

窗外光线的引入为修表工作带来更多便利

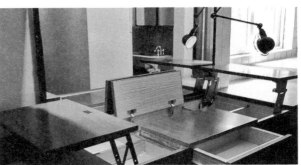

L 形的修表工作台下，拥有大量的储物空间

隔窗中间做了下拉式储物柜，方便存储修表工具

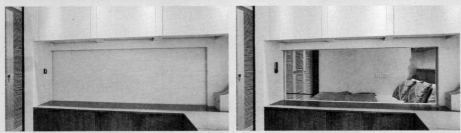

隔帘的设计保证了卧室与工作室之间的空间私密性

## ○ 唐先生夫妇的卧室

改造前主卧

床头架上的钟表
装、饰画,是对
唐先生几十年钟
表事业的纪念

唐先生夫妇的卧室,设计师通过隔断
开孔的方式,把阳光和新鲜的空气引
入房间,同时也预留了大量的储物空
间。卧室与工作区之间的电动卷帘,
既节约了空间,又可以遮挡光线。

在墙面做了整排的壁橱

通过墙面开孔的方式，引入阳光和空气

## ○独立的厨房空间，阻挡油烟进入室内

厨房经过全部翻新，虽然面积缩小了，但功能更齐全。而且烟道的设置以及玻璃门隔断能彻底把油污挡在屋外。

改造前厨房

厨房设置了大量的储物柜

厨房里的玻璃门
可以隔断油烟

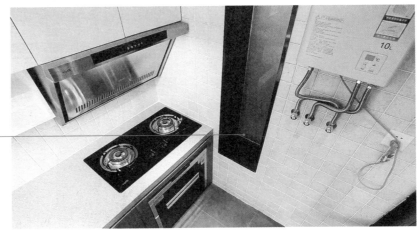

厨房与卫生间之间
的玻璃隔断窗，方
便卫生间采光

○设计师个人资料

赖旭东

新加坡 WHD 联合国际设计公司西南区设计总监
重庆年代营创室内设计有限公司设计总监
高等教育室内设计专业副教授
中国建筑学会室内设计学会注册高级室内建筑师
中国建筑学会室内设计学会理事及 19 专业委员会副会长
中国建筑装饰协会设计委员会委员

荣誉奖项

2015 年中国室内设计十大年度人物
2013—2014 年中国建筑学会 12 位室
内设计年度人物
2013 年现代装饰国际传媒奖 - 年度酒店
空间大奖

14 平方米变身三室一厅两卫

## 无法团聚的家

○基本资料

● 地点：上海

● 房屋面积：14 平方米

● 家庭成员：乐家老两口和小儿子、大女儿

● 装修总造价：10 万元

● 设计师：曾建龙

始建于 1931 年的恒丰大楼，和外滩周围许多其他的老建筑一样，早已由原来的办公大楼被改造成居民住房。大楼里的公共走廊上，天天上演着"新七十二家房客"的故事。乐老先生家是一个有着 14 口人的大家庭。每逢节假日，全家人都要来探望已经 90 岁高龄的乐老先生和他的老伴儿。然而，这个只有 14 平方米的一间房，却很难容得下 14 口人一同就餐。

大楼入口

入口门

| 改造总花费：10 万元 | | |
|---|---|---|
| 硬装花费 | 材料费：4.2 万元 | 8.2 万元 |
| | 人工费：4 万元 | |
| 软装花费 | 1.8 万元 | |

# 1 房屋状况说明

和很多老上海人一样，乐家人也有着"螺蛳壳里做道场"的本事。他们把这间高 3.7 米，长 5.6 米，宽仅有 2.3 米的 14 平方米的长方形房子分隔成了两层。如今，小辈们纷纷搬离了这里，只有小儿子和大女儿还陪伴在老两口的身边。女儿经常住在娘家，老两口家务活是轻松了，但是，一家人在生活起居上，却有些不便。

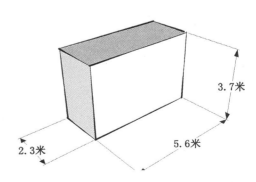

3.7米

5.6米

2.3米

仅有 14 平方米的长方形房子

## ○空间狭小的淋浴棚

家人用来洗澡的地方，是一个近乎全封闭的老式淋浴棚，里里外外加起来不到1平方米。这个简易的淋浴棚虽然基本满足了洗澡的需求，但是里面糟糕的空气却让身体不太好的乐老先生麻烦不断，经常洗完澡要吸吸氧气。

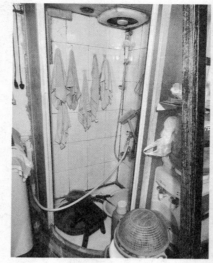

家里的浴室非常小，不洗澡的时候是家里放菜的地方

## ○桌子小，14人无法同桌吃饭

平时吃饭是4个人，逢年过节就有14个人。有的坐在沙发上，有的坐在床上，有的是站在一边，还有的是站在外面吃。一张小方桌，要满足14人同桌吃饭，真是不可能的事。

一张小方桌要满足家庭聚餐时，14人共同吃饭

## ○女儿在父母家睡地铺

为了照顾父母，60岁的女儿只能常年睡地铺。但是毕竟岁月不饶人，天天打地铺，总归不是长久之计。

将近60岁的女儿常年睡地铺

## ○老人下床不方便，行走困难

乐老太太和乐老先生睡觉的地方，紧挨着家里唯一的大窗户。可是由于房子太窄，床紧挨着墙，这个过道只能供一个人侧身通行。狭窄的过道，让乐老先生晚上起来上厕所都障碍重重。

家里唯一一扇可以采光的窗户

床与墙之间的狭小过道，只能供老人侧身通行

老人的卧床位于屋内采光最好的地方

## ○房子层高有限

由于整个房子的高度只有 3.7 米，虽然被隔成了两层。但是不管是楼上还是楼下，高度都极为勉强。

加上楼上阁楼，房屋层高只有 3.7 米，楼上楼下高度都非常有限

## ○楼梯陡峭，上下危险

乐家的楼梯是一把简易的木梯子，不仅陡峭，而且还无法固定。虽然已经爬了大半辈子，但是年事已高的乐老先生和乐老太太如今只能望"梯"兴叹了。

垂直的爬梯非常陡峭，是最让一家人胆战心惊的地方

089

## ○油烟重，气窗无法开启

由于过道上的厨房油烟重，阁楼上虽然
有两扇气窗，却长时间紧闭，无法使用。

阁楼的气窗，由于位于楼下厨房的上方，很少开启

## ○小儿子睡在狭小的阁楼

一个痰盂、一台电脑、一张床，是小儿子几十年阁楼生活的全部。
在这里生活了五十年的他，至今还是单身一人，像鸟笼般的阁
楼是整个房子采光、通风最差的地方。

位于两个主梁下的阁楼，非常低矮，经常会碰头　　　阁楼气窗很少开启，使阁楼阴暗、不通风

## ○家里没有卫生间

由于是办公大楼改建的房子，家里没有
独立的卫生间。一个楼面十七户人家，
只能共用一个厕所。痰盂、公共卫生间，
虽然勉强解决了上厕所的问题，但拿着
痰盂上上下下、进进出出，实在是太过
麻烦。

由于是办公大楼改建的居民楼，家里没有卫生间，只能去楼里的公共厕所

## ○过道、厨房隐患重重

家家户户几乎都在公共过道上安装了水斗、切菜台和煤气灶。这一个个在方寸间自行搭建起来的厨房，虽然为生活提供了便利，却也危险重重。

家家户户都在走廊里安装了灶台，存在严重的安全隐患

# 2 原始空间分析

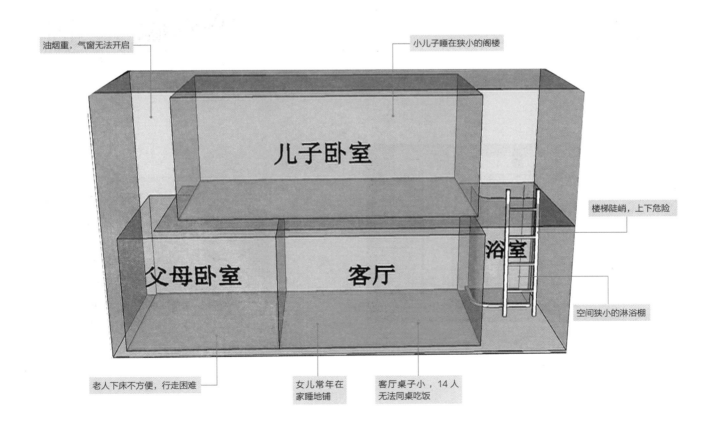

油烟重，气窗无法开启

小儿子睡在狭小的阁楼

儿子卧室

楼梯陡峭，上下危险

父母卧室　　客厅　　浴室

空间狭小的淋浴棚

老人下床不方便，行走困难

女儿常年在家睡地铺

客厅桌子小，14人无法同桌吃饭

# 3 改造过程中

## ○重新规划布局

设计师让施工队将屋内所有橱柜的门板拆卸后，统一做了保留。另外，根据设计师的要求，施工队对阁楼做了整体拆除，把整个空间打开，重新进行规划。小小的 14 个平方米被重新规划后，分成了上下两层。三室一厅两卫的布局，让每一个边边角角都得到了最充分的利用。

三室一厅两卫的格局

拆除阁楼

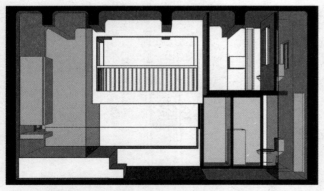

入口处和房间靠窗部位的挑空设计，使得整个空间显得更加通透、明亮

设计师保留原有门板和木梯，并重新设计

## ○改造公共过道，解决油污和安全隐患

这个房子本身面朝北，北面只有一扇窗，里侧邻近过道的窗户，由于油污重而形同虚设。然而，过道的位置是公共厨房，一个楼面 17 户人家，烹调煮炸，全都集中在这儿，即使室内的部分完成了改造，油烟污染和安全隐患还是无法避免。为此，设计师决定改造整个公共过道。

在整个过道的设计中，设计师选用了很多具有老上海风情的元素

在楼道里，构架了两排管道。一个是热水器的散热（废气）系统，一个是油烟机的排油烟系统，分别解决油污和安全隐患的问题

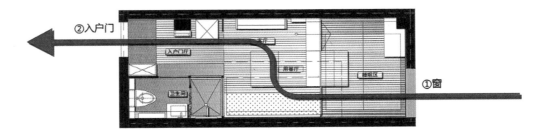

一层空气流通图

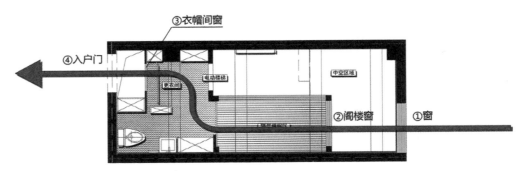

二层阁楼空气流通图

为了防止屋顶墙皮的脱落，设计师对墙面做防潮处理，同时使用一种无尘的打磨设备，提升装饰的效果

## ○选择能代表老上海回忆的色系

设计师想把整个空间打造成一个充满老上海
生活氛围的空间，所以选择了一种能代表过
去回忆的色系。以黑白对比为主，用米（黄）
色来做整个空间的主色基调，选用湖蓝色硅
藻泥内墙乳胶漆做部分点缀。

恢复原有老梁装饰造型，并重新粉刷

选用湖蓝色内墙乳胶漆做部分点缀

## ○卫生间选用可以调节的磨砂玻璃材质

整个卫生间是有穿透性的，使用者在里面可以通过开关控制，透明玻璃就变成了磨砂玻璃。外面看不到里面，里面也看不到外面。

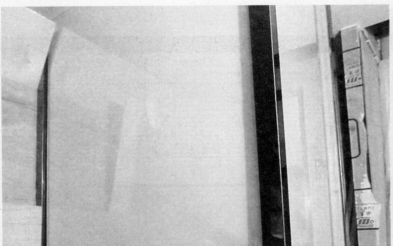

卫生间选用可以电动调节的特殊玻璃材质

## ○选用不易变形的实木复合地板

朝北的房子特别潮湿，房间里设计了地暖。地热一供热，普通地板就会变形，所以选用实木复合地板，这样就可以解决冷暖温差导致地板变形的问题。

铺设地暖解决朝北房子潮湿的问题　　铺设复合木地板以防止冷暖温差所导致的地板变形问题

# 4 改造后平面图

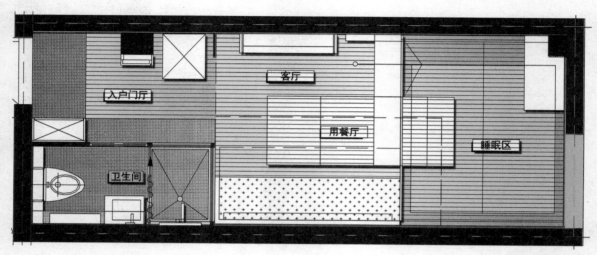

入户门厅

客厅

用餐厅

卫生间

睡眠区

改造后一层平面图

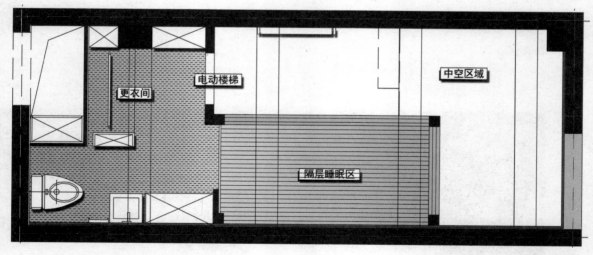

更衣间

电动楼梯

中空区域

隔层睡眠区

改造后二层平面图

## 5 改造后成果分享

### ○屋内以原木色为主基调，湖蓝色做部分点缀

镜面和挑空相结合的设计方式，创造出了更为开阔的空间效果。屋子以原木色为主基调，配以最为经典的黑白对比色，让整个空间在确保温馨的同时，又不乏层次感。刻意仿旧的石膏线，以及湖蓝色的部分点缀，让人在不知不觉中，重拾对过去的那分记忆。

以原木色为主基调

湖蓝色做部分点缀

### ○入户玄关

入户玄关的位置，设计师做了挑空处理，增加了入户的视觉延伸感。

玄关的挑空设计，增加了入户的视觉延伸感

入户门后设置了隐藏式鞋柜

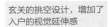

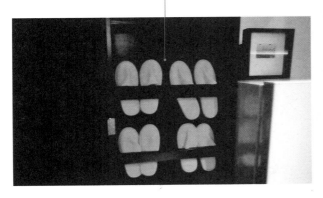

## ○入户客厅兼卧室

设计师设计了可拉伸的沙发床，可以满足乐老先生的女儿休息使用。50 厘米长的桌子又被加了 60 厘米，达到 1.1 米，可实现 14 人同时就餐。

改造前客厅

入户客厅

设计师在客厅挑空靠墙部分做了大量的柜子，方便储物

设计师利用旧家具的木门板，喷漆手绘了电视墙装饰画

隐藏式沙发床解决了女儿以往睡地铺的烦恼

可以伸缩的餐桌解决了一家 14 口人同时吃饭的问题

## ○一层老人卧室

底层的床铺被设计成了榻榻米，这大大增加了储物的空间。而紧挨着床铺的是一排木质的扶手，扶手和小夜灯的贴心设计，保证了老人夜间行走的安全。

改造前老人卧室

榻榻米下的大量储物空间

## ○一层卫生间

设计师在一层卫生间选用了一种智能玻璃，通过卫浴间里的开关控制玻璃的通透与模糊效果。

智能卫浴玻璃同时解决了卫生间采光与隐私两个关键问题

入户旁的卫生间

干湿分离的卫生间

马桶旁安装了方便老人起坐的扶手

## ○二层套间

在二楼的有限空间里，除了独立的卧室和客卫部分，设计师还打造了一个专属的步入式衣帽间。而卫生间内，马赛克的拼花设计，繁复中带着几分随意。老上海的风情，在这里得到了最精彩的体现。

阁楼位置看一层空间

改造前阁楼

阁楼的步入式衣帽间

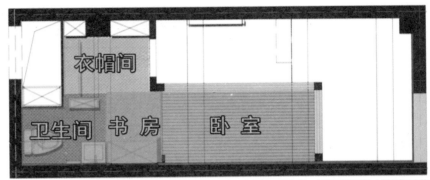

设计师在阁楼上设计了卧室、书房、衣帽间、卫生间，阁楼具备了独立的套间功能

阁楼卫生间

改造后
二层卧室

原有的横梁被安排在了可坐可躺等无须站立的区域

保留的旧爬梯

旧的爬梯被改造成了毛巾架

保留下的旧板凳

设计师将旧的板凳经过喷漆后，在上面手绘了图案

## ○改造后的公共走道

改造后的公共走道在邻居的配合下，家家户户都买了脱排油烟机，避免了以往油烟笼罩在整个楼道里的现象，如今的楼道空间焕然一新。

## ○设计师个人资料

曾建龙

GID 格瑞龙国际设计顾问有限公司创始人、董事
上海琅宿酒店投资管理公司董事、创始人
亚太酒店协会中国区副秘书长
意大利斯库图拉家居品牌中国区（斯库图拉生活美学馆）
商业模式创造者
再生生活联合设计品牌创始人
新加坡 GID 酒店设计集团中国区负责人、董事
首位与意大利顶级品牌 PROVASI 合作设计的华人设计师

荣誉奖项

2012 年亚太酒店设计大赛设计十大风云人物奖
2012 年家具设计作品获得 IF 邀请展
2010 年金指环 -ic@ward2010 全球室内设计大奖赛酒店会所类金奖
2010 年 CIID 中国室内设计大奖赛荣誉一等奖

13 平方米袖珍蜗居
变身四室两卫一厅

# 无法成长的家

○ 基本资料

● 地点：上海
● 房屋面积：13 平方米
● 家庭成员：徐女士一家三口及公公
● 装修总造价：9.2 万元
● 设计师：王平仲

徐女士的家在上海最繁华的地段——南京东路旁。徐女士和丈夫顾先生居住的这间房子，使用面积只有 13 平方米，但里面却住了 4 口人——一家三口加上顾先生的父亲。家里没有太多地方给孩子玩。于是，顾先生经常带着儿子，穿过小弄堂，步行大约三分钟来到南京东路步行街，这里成了儿子平时玩耍的地方。只有在南京东路步行街，儿子才可以无拘无束地肆意奔跑，才可以和爸爸一起愉快地做游戏。

| 改造总花费：9.2 万元 | | |
|---|---|---|
| 硬装花费 | 材料费：7 万元 | 9 万元 |
| | 人工费：2 万元 | |
| 软装花费 | 2000 元 | |

# 1 房屋状况说明

徐女士只有 13 平方米的家蜷缩在整栋楼房的底楼，三面都是建筑物。一进门就能看清楚这个家的整个面貌。为了给儿子、儿媳腾出空间，徐女士的公公搬到了楼上，但三代同堂的居住情况总是免不了一些尴尬。为了避免尴尬，也为了给孩子多挣点钱，为将来做打算，如今，徐女士每天都住在单位里，不回家。

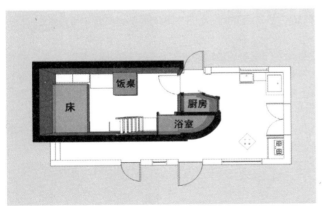

楼下的空间布局依次为厨房、浴室、饭桌和床

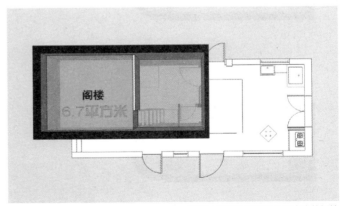

床的上方是面积为 6.7 平方米的阁楼

## ○极度狭小的厨房，没有足够的料理空间

徐女士家的厨房就在大门外，而这个厨房的面积连半平方米都不到，只勉强放得下一个炉灶。

极度狭小的厨房，没有足够的料理空间。做一顿饭，顾先生的父亲却要里里外外来回好几次。原本简单的家务，在这个家里却无奈地多出了很多步骤。

只能放下一个炉灶的临时厨房

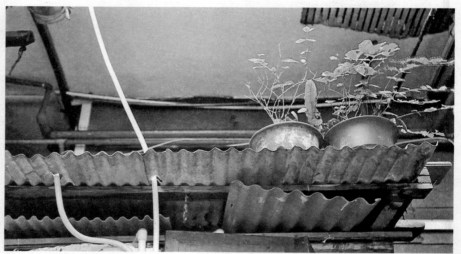

因为地方小，花盆也只能放在厨房顶上，埋下了安全隐患

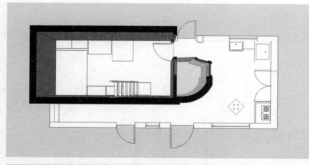

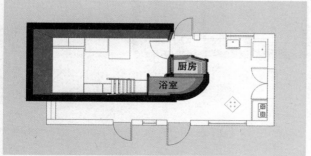

为了方便给孩子洗澡，徐女士将厨房部分改成浴室

## ○浴室狭小，没有隐私，没地方洗漱

考虑到父亲年纪大了，小孩子洗澡确实不方便，顾先生在家里增建了一个浴室。将原本的厨房一分为二，一部分保留为厨房，另一部分再加上室内的一小块地方，则变成了一个卫生间，虽然加建了一个卫生间，但卫生间的面积也只有 1 平方米。

卫生间的门是磨砂玻璃的，隐私得不到保障，到了冬天，要先在外面脱了衣服再进浴室洗澡。洗完澡，还得站在外面穿衣服，好不容易洗暖和的身体又变得冷冰冰的，为此一家人常常感冒。

为了搭建浴室，原先放洗衣机的地方只得被征用。如今，在这个家里，只能用手洗洗衣服。狭小的家里找不到一个放洗衣机的地方，即便是冬天，洗衣服时双手还得浸泡在冰凉的水里。

每次洗完澡，浴室就成了一个小水塘，墙上、马桶上都是水渍

只有 1 平方米的卫生间

虽然多了一个卫生间，但狭小的卫生间根本无法满足一家人洗漱的要求。就算是下雨天，全家人还是得跑到外面的水池洗脸、刷牙

## ○楼下空间狭小，是一家人活动的主要场所

为生活所需搭建了阁楼，地面到天花板的高度只有 1.85 米。低矮的天花板，给人强烈的压迫感。小小的房间里连可以让孩子玩耍、写字的地方都找不到。孩子逐渐长大，学习空间的问题亟待解决。

孩子不得不待在床上，为了防止孩子从床上摔下来，徐女士有时候就用网把床围住。在这个网里，3 岁的儿子一待就是两三个小时

孩子也没有可以写字的学习桌

家里的地面是光秃秃的水泥地，寒气会不断往上冒，到了梅雨季节地上还会泛潮

空间有限，一家人不能围坐在一起吃饭

## ○储物空间不够

家里的物品主要放在阁楼上，拿取衣物非常不方便。更糟糕的是，仍有不少东西被堆在了外面。随着孩子的成长，家里的东西也会越来越多，储物的问题也亟待解决。

家里的杂物都堆在外面

衣服都储存在纸箱里，经常发霉

## ○阁楼爬梯没有扶手，而且坡度陡峭

楼梯的坡度有 87 度。不只是陡峭，连脚踏板都相当窄小，它的宽度也只有 8 厘米。由于脚踏板过窄，所以有一大半脚掌是悬空的。如果不小心踩空的话就可能发生严重的意外。

宛如"悬崖峭壁"的楼梯，不仅没有扶手，而且坡度陡峭

## ○阁楼地板老化，通风、采光差

阁楼平时是顾老先生睡觉的地方，高度只有 1.6 米，人在上面根本无法站直。阁楼的地板已变形，呈波浪状，走在上面时甚至会感到整个人向下沉。零采光、不通风、结构老化，阁楼的问题相当严重。阁楼的下方是邻居家做饭的走廊，窗户打开的时候，做饭的热气和废气直往阁楼蹿。

顾老先生住在阁楼

阁楼只有 1.6 米

阁楼气窗外不仅是邻居出入的走道，还是邻居烧菜的地方，热气、废气经常往上冒

阁楼的地板已变形，呈波浪状

# 2 原始空间分析

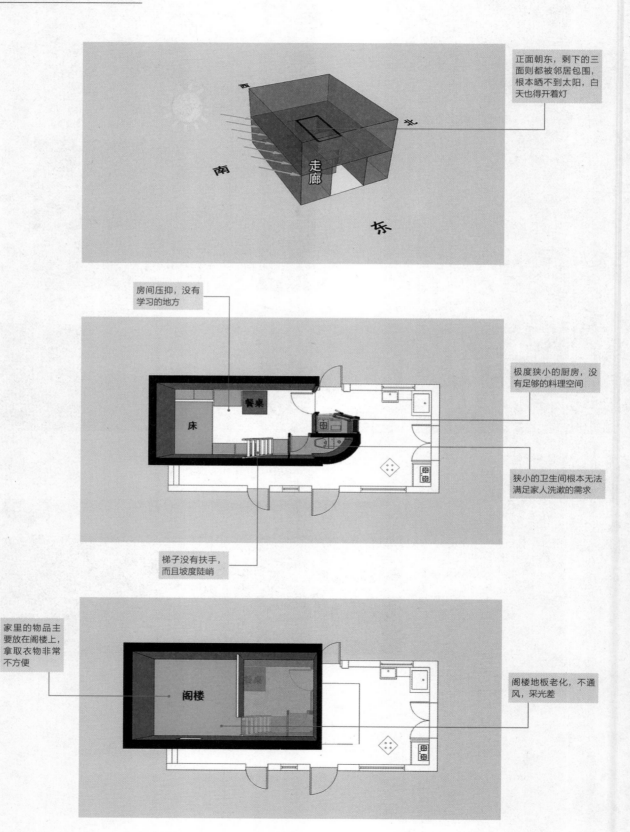

正面朝东，剩下的三面则都被邻居包围，根本晒不到太阳，白天也得开着灯

房间压抑，没有学习的地方

极度狭小的厨房，没有足够的料理空间

狭小的卫生间根本无法满足家人洗漱的需求

梯子没有扶手，而且坡度陡峭

家里的物品主要放在阁楼上，拿取衣物非常不方便

阁楼地板老化，不通风，采光差

走廊

餐桌

床

阁楼

# 3 改造过程中

## ○拆除违章建筑，增加房子的通风和采光

装修工程正式启动，施工队首先开始拆解作业。阁楼的墙壁被打掉，潮湿阴暗的浴室被拆除，已经变形的地板也被拆走。室内空间逐渐被拆空。

经过业主同意，设计师拆除了占地面积大约 1 平方米的厨房和浴室的一部分。拆除违章建筑可以增加房子的通风和采光，同时，公共面积释放出来了，也提升了整个环境的质量。

拆除阁楼

拆除约 1 平方米的厨房和浴室

## ○用 H 型钢增加新的结构

房子存在的安全隐患

用 H 型钢搭建内部结构

拆解后的情况比预想得还要差，房子看似坚固的外观下却隐藏着随时会崩塌的危险。设计师在不破坏原有结构的基础上，增加新的结构，用 H 型钢搭柱子和梁，等于是在建筑当中再重新搭结构，这样整个房子的坚固性就得到了保障。

## ○意外发现可利用的层高

设计师在排放地面基础管道时，发现房子的地基远远低于水平面。原因是老式的防潮方法一般是在地基上架木结构，使房屋水平面和地基之间形成一个中空层，达到防潮的目的，但这样却损失了层高。而这一次，设计师将采用最新、最有效的防潮、防水方法，既可以避免损失层高又能保证地面的防潮性。

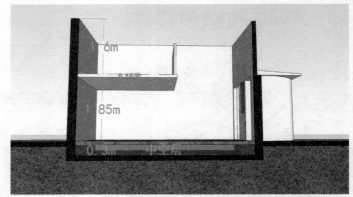

老式防潮方法是在原有的基础上再做木结构，形成一个中空层，然后做防潮使用

## ○对房子做防潮处理

设计师针对业主家原先潮湿、发霉的问题，对房子进行了特殊处理，安排工人在新地基上刷了一层防水材料。等到防水材料完全干燥之后，再做渗水试验，确定不会漏水之后，设计师又安排工人在水泥地和水泥墙面上喷洒具有防潮功能的防潮液。喷洒的防潮液会渗透到水泥中2～3厘米的位置，就算空气很潮湿，它的表面肌理也不会因此而发霉。

第一步：涂刷防水材料，等完全干燥后，做渗水试验

第二步：在完成面浇水泥

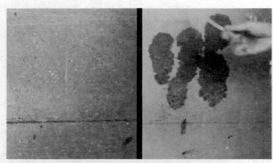

对比试验：在喷洒防潮液的水泥墙面和没有喷洒防潮液的水泥墙面同时喷水，喷过防潮液的墙面能有效阻止水汽渗入

第三步：在水泥地上喷洒防潮液

## ○划分空间

设计师将空间分成上下两层，并且每层设置不同的高低差。一楼较高的部分，对应的是二楼的床。一楼较低的部分，将作为餐厅使用，对应的是二楼的走道。

设计师将整个房子最不需要采光的空间作为淋浴房，对比其他空间比例，它是比较大的。因为需要供全家人使用，最早的时候设计师考虑在二楼设置卫生间，但考虑到使用卫生间的时间是最短的，并且设计师希望把空间尽量多留给卧室和一些公共空间，所以决定在一楼设立卫生间。

在只有13平方米的房间里，设计师还是将空间分成厨房、卫生间、客厅等公共空间；在私密空间方面，分成顾老先生的房间、小夫妻的房间，总共六个独立空间

利用高低差设置房间

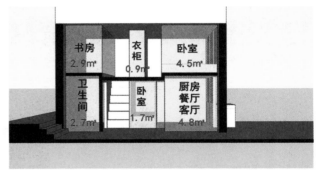

各个房间所占大小分配

## 装修小贴士

### ● 防潮液

它是一种采用专利配方复合而成的反应型无机地面特种防潮产品，全部以无机原料合成，遇水溶解，用以解决地面的返潮、回潮问题。

## ○隔声问题的处理

设计师尽量在楼板和墙面用比较多的木饰面，因为木饰面比较吸声，在楼板的夹层当中设计师放了许多的吸音棉，在这么小的生活环境中，可将声音的渗透减到最低。

夹层放置吸音棉

## ○卫生间选择颜色较跳跃、易清洗的马赛克

设计师选择使用尺寸比较小的马赛克，这样一来空间就会看起来比较大，材质特别选用颜色跳跃、比较好清洁的玻璃马赛克。另外，徐女士家是以孩子为中心，所以设计师希望这个颜色童趣一点，会让整个空间看起来更活泼、更生动。

浴室是居家环境中最容易发生意外的地方，设计师考虑到顾老先生的安全，特意安排工人在浴室的地面和墙壁上做了防滑处理。

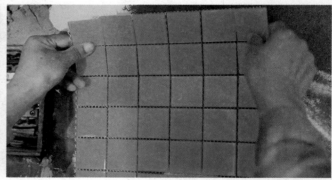

选用颜色跳跃、易清洁的彩色玻璃马赛克

利用超疏水材料，在瓷砖表面形成一层防水层，使得瓷砖不容易沾水

## ○巧妙运用硅藻泥

设计师在一楼和二楼的主墙面上使用了硅藻泥，它可以吸附水汽，平衡湿毒，同时还可以吸附甲醛等有害物质。这样，不管是老人还是小孩，在健康上可以得到一定的保障。

在墙面的维护上，设计师还采用了特殊的处理方法。在楼梯一侧的墙面上，设计师安排施工队涂上了硅藻泥。涂上硅藻泥的墙面需要先静置 3 小时，然后刷第二遍，再在硅藻泥墙面上勾勒出花纹

## ○设计施工的同时，兼顾公共区域

设计师在建筑外立面上开了玻璃砖孔，晚上这家人开灯的时候，室内光线可以传到走道上，可以增加走道的亮度。考虑到院子里的老人居多，设计师在公共空间铺设防滑的青石板，兼顾院内所有人的安全。

院子里选用了青石板，它表面的纹理比较防滑，兼顾到院里所有人的安全

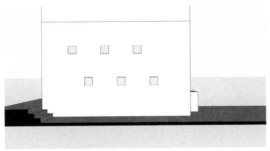

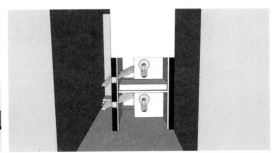

设计师不仅考虑到业主家的采光，还考虑到公共区域的采光问题

## ○洗衣机安排在室外

设计师将洗衣机安排在了门口，把花坛和洗衣机融为一体。设计师还特别在洗衣机上做了一个不锈钢的托盘，如果上面有水渗透，水可以很顺利地经过这里，排到下水道。

将花坛和洗衣机融为一体

# 4 改造前后平面图对比

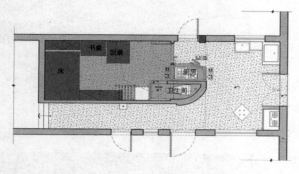

改造前一层平面图

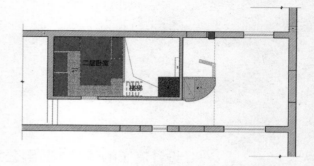

改造前夹层平面图

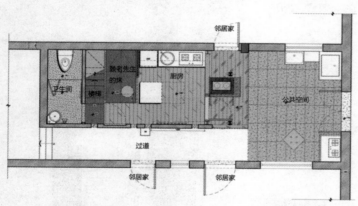

改造后一层设计平面图

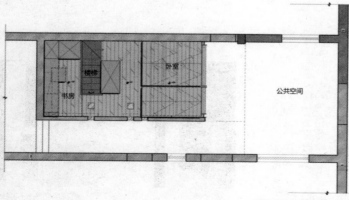

改造后二层设计平面图

## 5 改造后成果分享

历时一个月，徐女士家的装修终于接近尾声。设计师把按照徐女士儿子手的形状制作的门铃安装在了大门旁。新家经过重新布局后，每个空间都担负着多重功能，一楼为厨房兼客厅和餐厅、顾老先生的卧室，卫生间；二楼为卧室和书房。

### ○大门入口

设计师重新设计了大门的位置，将大门从右边换到了左边。今后，再也不会发生出入时和邻居碰撞的事情了。大面积玻璃窗户的使用，保证了整个空间的采光和通风。

大面积玻璃的使用，保证了通风和采光

晾衣架的安装便利了家人晾衣物

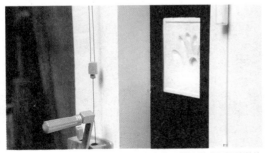

宝宝的手模被做成了门铃装饰

大门从右边换到了左边，避免了出门与邻居碰撞

## ○厨房空间

整洁且功能齐全的厨房还具备大容量的收纳空间，家里大量的碗盘、餐具全都可以收纳其中。

厨房的洗菜池，解决了平时一家人到院子里洗菜的问题。可收纳餐桌的设计，折叠起来可节省空间，展开后又可容纳 4 ～ 5 个同时就餐。

厨房内设计了大量的储物空间

隐藏式抽油烟机

可伸缩式的餐桌设计方便更多人就餐

纸片椅

纸片椅方便收纳

## ○老人卧室

设计师将顾老先生的卧室搬到了楼下，既方便了老先生的起居，又有效地利用了空间，移门的设计给了顾老先生独立的房间。同时，设计师不放过任何一个角落，利用楼梯下方的空间，做了大容量的储物柜。储物柜的把手则特别选择了麻绳，既节省了空间，又避免碰伤人。

老人卧室搬到了楼下，拥有了独立的空间

利用楼梯下的空间设置了大量的储物柜

一楼天花板上的玻璃砖将二楼的光线有效地引到了一楼

## ○卫生间

在整个屋子的内侧，设计师集中设置了盥洗台、马桶、淋浴等卫浴设备。干湿分离的设计，方便了家人使用。

卫生间选择颜色较跳跃、易清洗的马赛克

## ○楼梯

楼梯的坡度变得十分平缓，而脚灯的设计，使得家人晚上也可以安心地上下楼。

纪录儿童成长的楼梯踏步

## ○二层书房

在二层，设计师为一家人设置了可供阅读的书房，活动书桌的设置解决了宝宝从小到大书桌的高度问题。

通过楼梯上到二楼，左手边是书房

旧爬梯改造成了书架

书房里也设置了大量储物空间

可以根据儿童的身高随意调节高度的书桌

## ○二层卧室

在二楼，设计师利用不同的层高，将层高比较矮的地方分别设计为书房
和一家三口的卧室，而卧室的床下也设置了大量的收纳柜。

等孩子稍微大一些，需要独立空间的时候，可将移动黑板作为活动隔墙，方便分隔成两个房间

二层榻榻米下设置了大量的储物空间　　　　　　　　　　　　　书房位置看卧室

环保粉笔墙，让宝宝有更多的绘画空间　　　　　　　　　　　　旧衣物做的收纳袋

## ○设计师个人资料

王平仲

英国伦敦大学建筑设计硕士
上海平元建筑装饰设计工程有限公司
(PDS) 设计总监
曾任英国 J+W Architects 建筑师
曾任台湾苏成基建筑师事务所建筑设计师

荣誉奖项

2015 年艾特奖中国上海赛区最佳住宅建筑设计奖、海派设计网络最佳人气奖
2015 年金堂奖年度最佳住宅公寓设计奖
2015 年太平洋家居时尚盛典年度中国高端室内设计师 TOP 10
2014 年搜狐焦点家居年度杰出设计人物奖
2013 年当代设计第二十一届年度设计师金琮奖

## 大山老屋蜕变为青年旅舍

○ 基本资料

● 地点：四川省甘孜藏族自治州泸定县蒲麦地村
● 房屋面积：约 300 平方米
● 家庭成员：独居主人三哥和志愿者们
● 装修总造价：志愿者出 2 万元，其他费用由赞助商提供
● 设计师：李道德

# 牛背山志愿者之家

在川西高原的群山中，蒲麦地村所在的牛背山，每年欣赏云海美景的驴友们徒步来到这里，都会选择在当地借宿一晚。但是村民家里的生活设施，特别是卫生条件都很糟糕。而碰上驴友遇险需要救助的时候，参与救援的志愿者也会因为条件有限而束手无策。

蒲麦地村是离牛背山顶最近的一个有人居住的小村落，村子基本呈现出中国西南地区传统的乡村面貌，坡屋顶、小

青瓦，民风淳朴。正如中国大部分的偏远村庄一样，成年的劳动力大都在城市打工，村里更多的是留守儿童和空巢老人，很多村舍也是年久失修。志愿者们希望在这里建造一个给年轻人提供公益实践的基地，在帮助遇险的驴友的同时，也可以为村里的老人、儿童提供服务和帮助。为了保证公益实践的开支，他们还需要这个房子有一定的青年旅舍的功能。

# 1 房屋状况说明

这幢老屋坐东朝西，依山而建，是当地典型的传统建筑。中间的建筑主体是一栋两层小木屋，底层分别是客堂和四个房间。由于独自居住，主人三哥的这个客堂间也兼具厨房的功能。简陋的卧室朝北，四周的墙壁年久失修，其他的三个房间目前空置着。

三哥家房子外立面

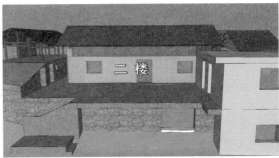

主人三哥的房子有三层，中间的建筑主体是一栋两层小木屋

兼具厨房功能的客堂

房子外晒台的下部是依山势而建起来的柴房

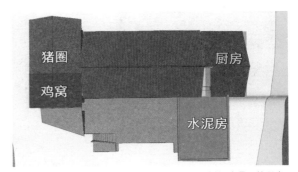

房子的附属建筑由砖石建成，南面是由石头垒砌成的、半露天的厨房，以及另外加建的水泥建筑。北面是原来的猪圈兼厕所

## ○传统木结构，抗震性能好

这是一栋房龄有 20 年、具有当地特色的传统木结构建筑，梁木纵横交错，贯穿墙体，相互借力，因此非常结实。在当地几次地震中都没有受到损伤。

传统木结构建筑，抗震性能好

## ○采光弱，保暖性差

空置的房间

供暖用的火塘也已被填平

三哥的卧室

简陋的卧室朝北，采光比较差，以前仅有供暖用的火塘也已经被填平，四周墙壁年久失修，显得非常陈旧。其他的三个房间目前空置着，都有采光弱、保暖性差的问题。

## ○三楼的密封性和高度都不适合居住

房子的三楼顶面呈人字形结构，全部贯通，屋顶最高处有 1.9 米，但最低处却只有 0.5 米，几乎无法正常使用。而且房子顶面直接覆瓦，接缝处容易漏风、漏雨，所以这里无法居住，只能堆放杂物。

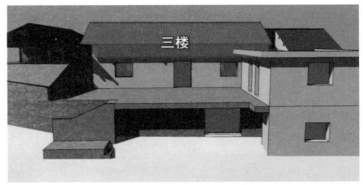

三层顶面阁楼年久失修，无法居住

屋顶最高处 1.9 米，最低处只有 0.5 米

顶面直接覆瓦，接缝处容易漏风、漏雨

## ○厨房是半露天建筑，无法正常使用

除了木结构的主体外，房子的南面是用石头垒砌的半露天的厨房，四面透风，无法正常使用。

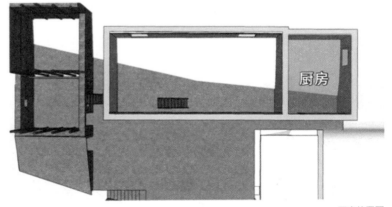

厨房位置图

石头垒砌的、半露天的厨房

厨房入口

## ○加建的水泥建筑，在震区不安全

这间水泥房子被三哥认为是房子最有价值的部分，但在震区却十分不安全。

加建的水泥建筑

## ○北面是猪圈兼厕所

房子的北面是原来的猪圈兼厕所，比较陈旧。

荒废的猪圈和厕所

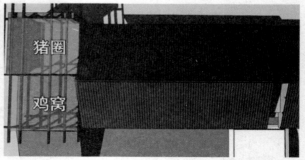

猪圈与鸡窝位置

## ○房子外晒台下堆满了杂物

房子外晒台的下部，是依山势而建起来的柴房，既堆放着日常使用的柴火，也有三哥多年积累下来的木料，可供改造使用。

露台下的柴房

## 2 原始空间分析

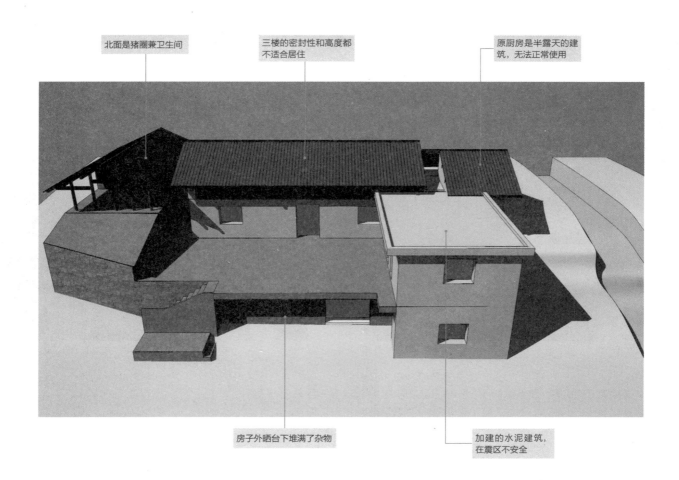

北面是猪圈兼卫生间

三楼的密封性和高度都不适合居住

原厨房是半露天的建筑，无法正常使用

房子外晒台下堆满了杂物

加建的水泥建筑，在震区不安全

# 3 改造过程中

## ○拆除水泥建筑

设计师首先拆除的是三哥认为最好的水泥房子，原因是整个村子是一种传统民居的状态，木构和小青瓦是整个村子的特色。水泥方盒子的建筑，无论是从整个村子的文脉上，还是从实际的抗震效果上来讲，都不理想，于是设计师决定将水泥建筑拆除。

木构和小青瓦是整个村子的特色

清拆由村民来完成，正式的施工由专业的建筑工人完成

## ○规划卫生间和淋浴间

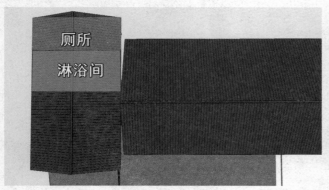

蒲麦地村第一个真正的卫生间

施工队经过崎岖的山路，在山外运进了一个大的化粪池

崎岖而泥泞的山路，使得货车行进艰难，经过艰难的运输过程，巨大的化粪池终于到达目的地。施工队将原来的猪圈清理后挖开，将化粪池埋在其中并接了管道，新的卫生间包含厕所和淋浴的功能，这里将成为整个蒲麦地村第一个真正的卫生间。

将原来的猪圈清理后挖开，将化粪池埋在其中并接了管道

## ○ 安排厨房的位置

卫生间隔壁原来鸡窝的位置，则改造成了一个宽敞明亮的
厨房，设计师将比较有特点的木结构坡屋顶和灰砖瓦保留
了下来。

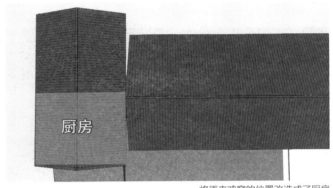

将原来鸡窝的位置改造成了厨房

设计师把比较有特点的木结构坡屋顶、灰砖瓦保留了下来

## ○ 加工、安装房屋外立面的异型结构

设计师为旅舍外立面设计了一个非常特别的异型结构，材料上选用高强度
竹基纤维复合材料，并在几个固定的节点上将竹纤维用特殊胶水粘连、加固，
而封顶则是用本地产的小青瓦。

由于这个房子处在村口的位置，设计师希望每个人远远地看到这座独特的
建筑时，会有一种由内而外的归属感，就像在大海中航行，远远地看见一
盏亮亮的灯塔一样。

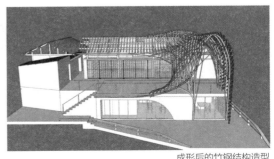

成形后的竹钢结构造型

高强度竹基纤维复合材料，弹性模量很高

工人们利用小学篮球场的地面放样，在几个固定的节点上将竹纤维用特殊胶水粘连、加固

高强度竹基纤维复合材料，来源于产自四川本地的竹子，建筑构件一个个相连接，相互咬合，结构本身非常牢固

## ○将竹钢结构表面与传统屋顶衔接

经过观察周围民居的情况，设计师决定采用本地产的小青瓦为竹钢结构进行封顶。由于传统的盖瓦方式只适用于平整的斜屋顶，而整个竹钢结构是一个不断变化的自由曲面，按照传统的方式覆盖瓦片，就会不可避免地在接缝处出现雨水渗漏的情况。

经过在现场不断地摸索和讨论，设计师最后决定在瓦条上方首先覆盖沟瓦，接着铺设灰浆与防水层，最后加挂沟瓦和盖瓦，利用瓦钉加以固定。这种方式很好地解决了曲面上的挂瓦问题，使整个竹钢结构的表面与传统屋顶能够浑然一体地衔接起来。

传统的盖瓦方式只适用于平整的斜屋顶，而整个竹钢结构是一个不断变化的自由曲面，如果按照传统的方式覆盖瓦片，就会不可避免地在接缝处出现雨水渗漏的情况

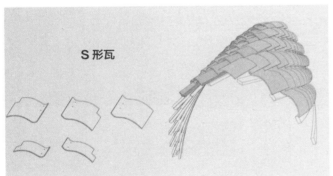

**S 形瓦**

设计师原本计划专门订制 S 形瓦来解决这个问题，但不同尺寸的 S 形瓦加工难度非常大，运上山又容易破损，这一方法很难在牛背山上实现

第一步：加挂沟瓦和盖瓦，利用瓦钉加以固定

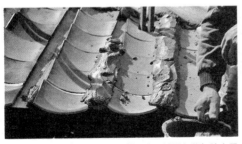

第二步：铺设灰浆与防水层

第三步：将整个竹钢结构的表面与传统屋顶衔接起来

## ○合理规划空间布局

按照设计师的规划，一楼空间为志愿者的工作区和休息区，二楼为开放的公共空间，三楼则是旅舍的客房。在三楼，设计师完整地保留了房屋原有的木结构，在相对空间比较有限的条件下，设计师将中间相对较高的空间作为走廊，两侧作居住的区分。

一层志愿者的工作区和休息区

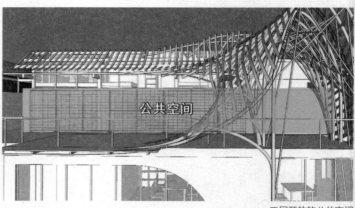

二层开放的公共空间

三楼空间完整地保留了非常有代表性的木制结构

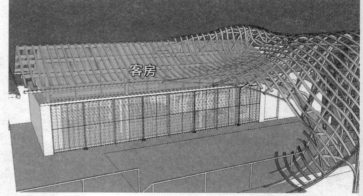

三层旅舍的客房

## ○利用钢结构搭建二楼

为了方便公共空间的使用，设计师利用钢结构制作了新的楼梯，并将二楼通往三楼的楼梯改在了房子内侧。

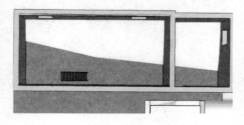

改造前楼梯位置

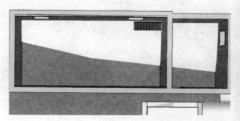

改造后楼梯位置

## ○就地取材，装饰屋内空间

施工队就地取材，委托三哥在后山上寻找到了当地的片麻岩，用钢钎剖成片状，用来装饰建筑的外立面。设计师保留了房子非常结实的木结构，将表面抛光，并做了防蛀处理。同样需要打磨的还有房子的地面，由于原有的木头地面并不平整，层高又有限，不能使用木龙骨，必须将木头表面处理平整后，才能在上面铺设木地板。

利用当地的片麻岩，装饰建筑的外立面

用木条制作了厕所上方的隔断，方便采光和通风

将木柱表面抛光，并进行了防蛀处理

将木头表面处理平整后，在上面铺设木地板

设计师将当地百姓常用的硬柴作为装饰，放置在定制的钢网移门上

# 4 改造前后平面图对比

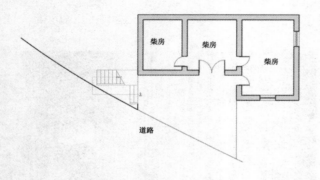

一层改造前平面图

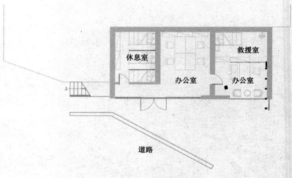

一层改造后平面图

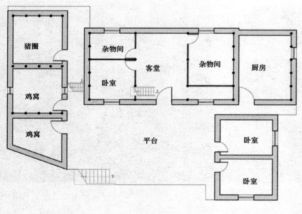

二层改造前平面图

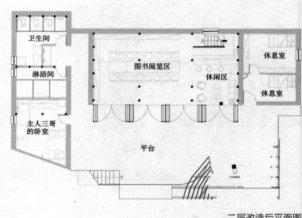

二层改造后平面图

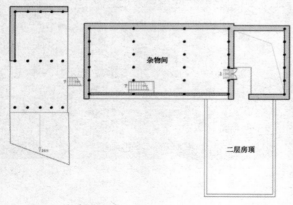

三层改造前平面图

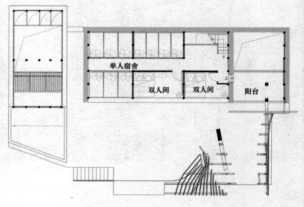

三层改造后平面图

# 5 改造后成果分享

## ○ 与周围环境相融合的异形外立面

经过三个月艰苦卓绝的努力，这座大山里的梦想之家，终于呈现在所有人面前。由四川特产的楠竹制成的竹钢结构，覆以本地特有的小青瓦，组成了整座建筑最为引人注目的外立面。竹钢结构形成的过渡空间，与原有木结构的老屋融为一体，焕然一新，而这个空间也给驴友们提供了一个搭帐篷宿营的区域。

这个起伏的屋顶与背后的大山以及远方的云海交相呼应

设计师希望营造的是内心与情感上的联系，当驴友或者志愿者，甚至是村民们徒步多时至此，远远看到村口有这么一个小小的、独特而又熟悉的建筑泛着微微的暖光，就像是航船在大海航行中看到了灯塔一样，给人们一种强烈的归属感

## ○功能齐全的一楼志愿者工作区与山难救援医疗室

一楼分为三个部分，最南端是志愿者工作区与山难救援的医疗室，中间
部分是志愿者们的会议室，最北面则是可供驴友休息的客房。

山难救援工作室

一楼最东侧的位置，是设计师特意预留的山难救援休息室，有驴
友受伤时可以直接用担架抬入

一楼青年旅舍

## ○屋主三哥的山景房

竹钢结构的内侧，正对着远处贡嘎雪山的位置，此处是屋主
三哥的住所，温暖的色调与简约的设计，以及成组的收纳空
间，保证了三哥生活的舒适。

屋主三哥的住所

屋主三哥的卧室拥有足够的收纳空间

## ○二层开放交流平台

二楼的公共空间既是驴友白天休闲、交流的场所，也是村里
孩子们玩耍的乐园。到了旅游旺季，晚上也可以作为驴友们
搭帐篷宿营的区域。

就地取材的木头与石墙保留了鲜明的地方特色

白天是驴友休闲、交流的场所，晚上可以在此宿营

## ○二层公共图书馆与休闲室

建筑二楼的主体部分是整个青年旅舍的公共区域。整个空间被完全打开，深色木梁与浅色吊顶的搭配，突出展示了传统的木结构，也增加了整个空间的纵深感。大面积的书柜与特别设置的吧台，为整个青年旅舍提供了一个最为舒适的公共空间。

重新设计的钢网架玻璃门，可以存储木柴，在完全打开的时候，将室内外融为一体。这样的设计充分展示了当地特殊的山村风情，也保证了采光。设计师别出心裁地利用村里家家都用的硬柴，打造移门，以特别新颖的设计手法，与这里的居住方式融为一体。

将特制的装饰门打开，室内室外完全成为一个整体

木梁和浅色吊顶的搭配，突出展示了传统木结构

吧台处，设计师以当地人背重物的背垫为中心，在周围做了一整面的电视照片墙，里面记录了山难救援队员的生活点滴

休闲区的设置，方便驴友们在此聊天

吧台正对面是二层露台

## ○三层客房区

三楼为旅舍的客房区。楼梯右边是供驴友们休息的大面积通铺
区域，铺位间的隔板保证了一定的私密性；特别设置的房间，
也为驴友们提供了更丰富的选择。

通过楼梯上到三楼客房区

南面开了整面的窗户，保证了屋内的采光与通风

大床房也为驴友们提供了更多选择

## ○厨房兼餐厅，兼具烧饭与供暖双重功能

旅舍的厨房兼餐厅设置在附属建筑里，这里保留了山区特有的土灶，兼具烧饭与供暖的双重功能。

兼具烧饭与供暖双重功能

## ○村里的第一个公用卫生间

公共卫生间

志愿者们一直心心念念的卫生间终于建成了，这里是牛背山设施最齐全的公用卫生设施，既有方便的抽水马桶，也有舒适的淋浴设施。

淋浴间

### ○设计师个人资料

**李道德**

毕业于中央美术学院建筑学院、英国建筑联盟建筑学院
dEEP Architects 创始人、主持建筑师
致力于运用数字化的设计理念及多学科交融的设计方法，强调空间的生命力、建筑与人与环境的互动，试图探索一个数字化建筑在中国本土语境下的独特呈现方式

**荣誉奖项**

2013 年 UED 博物馆建筑设计奖提名奖
2012 年金堂奖年度新锐设计人物
2012 年中国设计业十大杰出青年提名
2012 年奥迪艺术与设计大奖年度设计新锐提名
2010 年"最建筑"最炫方案奖

## 钢铁之家

### 45 平方米打造
### 钢铁老人温馨居

○ 基本资料

● 地点：武汉
● 房屋面积：45 平方米
● 家庭成员：委托人王先生、王先生的爱人及女儿
● 装修总造价：38.7 万元
● 后期收尾设计师：王晨

"必须抓紧时间生活，一场暴病，或者一次横祸，都可能使生命终止"。《钢铁是怎样炼成的》是一部激励了无数人的杰作，却很少有人知道1998年版的中文翻译者——王先生。从事翻译和写作让王先生的思想可以自由翱翔，不受限制。然而，因为身患强直性脊柱炎，王先生的身体就和石头一样，无法弯曲。就像《钢铁是怎样炼成的》里的主人公保尔·柯察金一样，王先生凭着顽强的毅力，迄今为止已经出版书籍70余本，翻译创作600多万字、1000多篇作品。

# 1 房屋状况说明

王先生的家位于上海繁华路段镇宁路上。自从 20 年前搬到这套 45 平方米的老房里，王先生因为身体的原因，就很少出门。于是，每天来照顾他的女儿，便成了他与外界的唯一联络人。就如同保尔·柯察金有妻子达雅的陪伴，王老师也有一个坚强的女人始终陪伴着他、支持着他。五十多年来，一直是妻子郑女士在照顾他。直到两年前，因为母亲身体不好，女儿不得不接了母亲的班。

| 改造总花费：38.7 万元 | | |
|---|---|---|
| 硬装花费 | 材料费：15 万元 | 23 万元 |
| | 人工费：8 万元 | |
| 软装花费 | 15.7 万元 | |

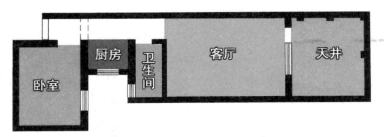

王先生的家为细长状布局

## ○采光差，空间没有合理利用

家里有个小房间，虽然有一扇窗户，但是通风、采光非常不好。因为很暗，所以现在变成了杂物间。这栋公房在最早建造的时候，为了解决通风、采光问题，设置了一个内天井，但如今这个内天井却成了一个吞噬阳光的黑洞，阳光几乎照射不进来，难得的空间被白白浪费掉了。

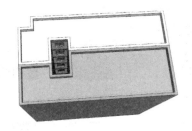

老房的内天井遮挡了阳光进入室内

堆满杂物的黑暗杂物间

147

## ○室内通道狭窄

过道的一侧被餐柜占了一半，走道的宽度只有
55 厘米，由于一般的轮椅或者担架的宽度在
63 ~ 72 厘米之间，如果突发意外，急救担架
或者轮椅很难抬出室内。

过道被餐柜占满

狭窄的过道只有 55 厘米宽

## ○没有书房和会客室

大房间的面积不到 12 平方米，如今除了上厕所，老两口的所有生活几乎都在这个房间里进行。
写作了大半辈子，却连一个书房都没有，翻译创作的书籍也只能堆在犄角旮旯里。更糟糕的是，
如果有客人来访，狭小的空间连坐的地方都没有。

客厅一角

王先生的书桌

王先生的特殊座椅

家里储物空间有限，书籍只能堆放在角落里

百年的老柜子，承载着美好的生活记忆

木地板已经陈旧，老人在家拄拐杖很容易摔倒

### ○无法使用的浴缸

家里的浴缸对于王先生来说，一直只是个摆设，
而如今这个外高 60 厘米、内高 30 厘米的浴缸，
对于妻子郑女士来说也成了无法跨越的障碍，
不管是冬天还是夏天，身上再痒也只能简单地
擦个身。

卫生间狭小，浴缸太高，老人无法使用

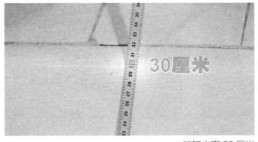
浴缸内高 30 厘米

浴缸外高 60 厘米

### ○王先生因为身体的原因，只能腰背直挺站着吃饭

为了照顾王先生的身体，全家人吃饭也只能在书桌旁进行。
而每次吃饭还得把小书桌拿下去。腰背直挺着，不能弯曲，
王先生只能站着吃饭。放得稍微远一点的菜，他就够不到了。
以前妻子会给他夹菜，现在则变成了女儿。

王先生只能站着吃饭，稍微远一点的饭菜，只能家人给夹

### ○上床休息，睡觉不方便

随着年龄逐渐增大，如今，王先生每工作 1 个小时就得回床
上躺一会儿。晚上睡觉的时候，王先生都会躺在床的内侧，
但为了节省体力，休息的时候，他只是躺在床尾，将就着睡
上一小会儿。身体的一半躺在床上，另一半只能腾空，而妻
子郑女士为了配合他休息，还得蜷缩着身子睡觉，这样的休
息方式，看着就让人难受。

身体的一半躺在床上，另一半只能腾空

## ○难以进入的天井

王先生夫妇俩现在已经很少出门，家里的天井就成了他们唯一可
以接触阳光和绿植的地方。然而，这个近在咫尺的小院，却因为
三级台阶，完全阻碍了夫妇俩的进入。

小院子里的三级台阶，阻碍了老人进入院子里 　　　　王先生从来没有进入过小院，家里阳光最充沛的地方，却只能白白浪费

## ○因为没有地方休息，女儿需要每天来回坐 3 小时的车

为了赶上回家的末班车，王先生的女儿不得不在晚上九点前回
家。因为年迈的母亲已经无法照顾丈夫，女儿回家前都会先照

顾父亲上床。脱鞋、换衣、帮父亲挪脚、盖被，看似简单的工作，
做完却已腰酸背疼。

## ▋2▋ 原始空间分析

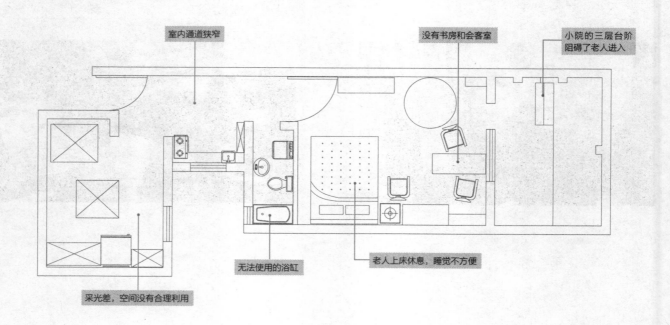

室内通道狭窄

没有书房和会客室

小院的三层台阶
阻碍了老人进入

无法使用的浴缸

老人上床休息，睡觉不方便

采光差，空间没有合理利用

## 3 改造过程中

### ○无奈之下移除院子里种植多年的绿树

施工队先把业主留下的物品一一搬出，但在搬天井里的树时却遇到了大麻烦。二十多年下来，树根早已和水泥基座融为一体，施工队员决定把天井里的栏杆先拆除，

虽然栏杆拆除了，但树还是抬不出去。由于树长到了原来的墙体里，如果搬动，则会损坏隔壁邻居家的墙体，无奈之下只得把树锯掉，经过业主同意搬出了屋子。

移除院子里种植多年的绿树

### ○将淋浴房设置在靠床比较近的距离

在布局上，设计师也做了特殊安排。设计师让施工队员在面朝大房间的方向又开了一扇门，这样老人可以走最短的动线，由于浴室后面有窗，这样一来，通风、采光问题都得到了改善。

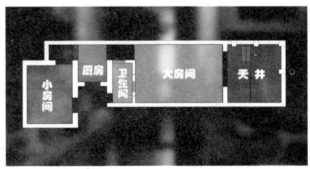

浴室和卫生间之间，设计师特意让工人特意砌了一堵墙，这样在小空间里老人如果摔倒，就会靠到墙 或者抓到把手

淋浴间的窗户可以与客厅窗户形成对流，方便室内通风

在淋浴间面朝大房间的方向开了一扇门，缩短行走路线

## ○巧妙利用墙面凹洞，扩大走道空间

设计师发现走道的一侧有一个凹洞，为了拓宽走道，设计师让施工队将走道一侧原先的凹洞往下拓展。在墙面增加了工字钢，使得整个墙面的安全得到了保障。

走道墙面原有凹洞

在凹洞周围横向拓展墙面空间，并用工字钢加固

## ○改造内天井

为了改善小房间的采光，设计师决定粉刷内天井，并在内天井安装了铝扣板，通过反射增加内天井的采光，改造后的内天井焕然一新。

改造前内天井

粉刷一新的内天井，采光得到了改善

为了保证小房间的采光，设计师安排施工队在内天井安装了铝扣板

## ○填平屋子与院子的高差

原本的院子有高低差，出去以后很危险，设计师决定填平台阶，填平之后王先生可以拄着拐杖，轻轻松松地走到院子中。为了防止下雨天雨水灌入屋内，设计师让工人在天井地面埋入排水管道并安装地漏，同时还新增了特制的雨棚，这样能有效预防雨水大的季节，雨水向屋内倒灌的问题。

在院子中铺设管线，安装可以大量排水的地漏

安装可以遮阳的防水雨棚

在院子里铺装雨水管线

铲平院内台阶，方便今后老人出入院子

## ○安装加热比较快的电地暖

温差大对老年人的身体健康影响比较大，容易诱发王先生的心脏病和高血压。设计师在地面选择安装了加热快的电地暖，以便让屋内平均温度保持在 25 度左右。

安装升温较快的电地暖

## ○新任设计师前去拜访王先生家和医生

由于前期设计师国外恰工，不能及时参与装修，装修中层出不穷的问题需要由专人做决定，以保证施工顺利进行，节目组请来了对老年人装修设计有丰富经验的设计师王晨。

新任设计师一接到任务就开始研究相应的资料，并前去拜访王先生一家以及在治疗强直性脊柱炎方面的权威专家。

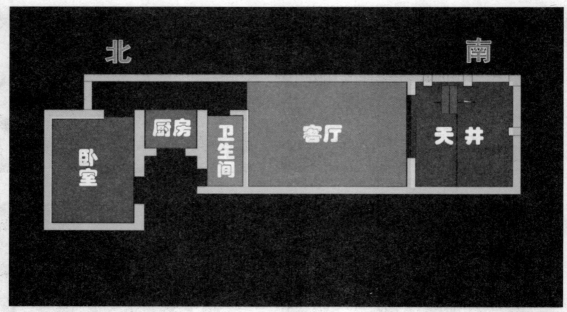

改造前平面图

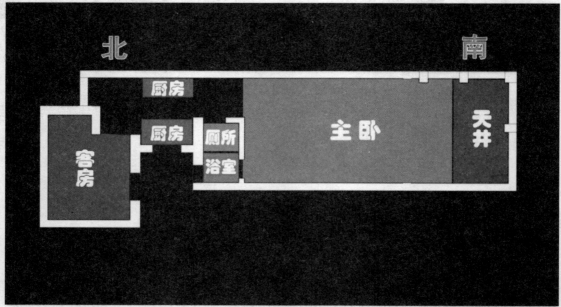

改造后平面图

# 5 改造后成果分享

历时一个多月，装修工程终于接近尾声。重新布局后的房子由北至南依次是客房、厨房、厕所、浴室、主卧和天井。大门旁，设计师充分利用纵向空间，设置了大容量的鞋柜。

入口处大容量鞋柜

## ○ "一"字形厨房平台

"一"字形的厨房使用起来非常方便，料理台宽大、整洁，今后再也不用担心没地方切菜了。

改造前厨房

"一"字形的厨房，解决了走廊过道窄小的问题，也为厨房增加了更多的料理平台

## ○ 解决老人行走的问题

虽然目前王先生还能自己拄着拐杖走路，但随着年龄的增大，他手臂的力量会越来越弱，靠自己行走，将变得越来越困难。遥控座椅解决了王先生今后行走的难题。

易操作的遥控座椅

## ○干湿分离的浴室

卫生间、浴室干湿分离的设计，保证了两位老人使用时的安全。

改造前卫生间

可以方便老人使用的卫生间

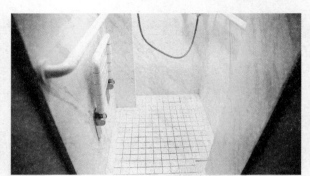

淋浴间

## ○宽敞明亮的客厅

浅色的墙面搭配深色的家具，面积不大的房间却显得沉稳、大气。墙面的整体橱柜，彻底解决了储物的问题。

改造前客厅

大型落地窗的设计，将光线更多地引入客厅

电动拉帘的设计解决了以往需要手动控制窗帘的麻烦

客厅墙面的整体储物柜，彻底解决了储物的问题

设计师利用旧家具的边角料做了床头柜，希望通过这种形式延续对过去的回忆

改造前小桌板

升降桌的设计，便利了王先生的日常写作

## ○ 特制的异型桌椅解决老人日常写作、吃饭的问题

特制的异型桌椅解决了王先生现在日常写作和吃饭的问题。设计师利用院子中砍掉的树干，做了一个既可以供老人训练记忆力的玩具，也能作为杯垫使用的小工具。完全去除玩具上的杯垫，底部"钢铁是怎样炼成的"字样就会呈现出来，这对于一家人来说具有特殊的意义。

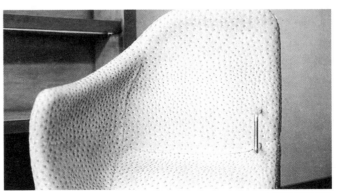

特制的异形座椅

## ○巧妙选用大型玻璃落地门，将光线引入

大型的玻璃落地门，为室内引入了充足而明亮的光线，而在它的另一侧，则是王先生夫妇如今可以自由出入的天井。

改造前小院

大型的玻璃落地窗引入了更多的光线

## ○安装老年人照护系统

设计师安装了一套老年人照护感应系统，该系统会提醒家人老人每天出门有多少次，包括一些异常的出入，并有报警功能。

在入户门上安装紧急报警器，会提醒家人老人每天出门的次数以及一些异常的出入

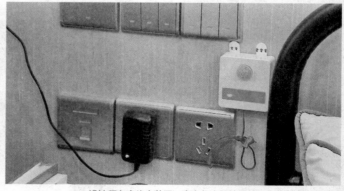

设计师在床头安装了一套老年人照护系统，方便老人夜间使用

## ○次卧空间

次卧沙发床的设计解决了雨雪天女儿在家留宿的问题。

改造前次卧

改变了次卧以往堆满杂物的现状，设计师设计了整排方便储物的柜子，沙发床的选用也方便了女儿在此休息

### ○设计师个人资料

**王晨**

上海志贺建筑设计咨询有限公司合伙人
万谷建筑（KMS）设计事务所创始人之一
1995 年曾任上海男排职业排球运动员
2009 年日本文理大学留学期间，曾在日本知名
设计师青木茂设计工坊从事项目设计
担任过 HMA 设计事务所的项目副主任及设计师

**教育背景**

1996 年 9 月至 2001 年 6 月就读于上海大学，获得
工商管理学学士学位
2003 年 4 月至 2007 年 3 月就读于日本文理大学，
获得建筑学学士学位
2007 年 4 月至 2009 年 3 月就读于日本文理大学，
获得建筑学硕士学位

图书在版编目（CIP）数据

梦想改造家 . II / 梦想改造家栏目组编著 . —— 南京：
江苏凤凰科学技术出版社，2016.10
ISBN 978-7-5537-7227-1

I . ①梦… II . ①梦… III . ①住宅－室内装饰设计
IV . ① TU241

中国版本图书馆 CIP 数据核字 (2016) 第 225365 号

## 梦想改造家 II

| 编　　　著 | 《梦想改造家》栏目组 |
| 项 目 策 划 | 刘立颖 |
| 责 任 编 辑 | 刘屹立 |
| 特 约 编 辑 | 庞　冬　翟　娜 |

| 出 版 发 行 | 凤凰出版传媒股份有限公司 |
| | 江苏凤凰科学技术出版社 |
| 出版社地址 | 南京市湖南路1号A楼，邮编：210009 |
| 出版社网址 | http://www.pspress.cn |
| 总 经 销 | 天津凤凰空间文化传媒有限公司 |
| 总经销网址 | http://www.ifengspace.cn |
| 经 销 | 全国新华书店 |
| 印 刷 | 北京博海升彩色印刷有限公司 |

| 开 本 | 889 mm×1 194 mm　1／16 |
| 印 张 | 10 |
| 字 数 | 160 000 |
| 版 次 | 2016年10月第1版 |
| 印 次 | 2024年1月第2次印刷 |

| 标 准 书 号 | ISBN　978-7-5537-7227-1 |
| 定 价 | 49.80元 |